U0353563

新版 雅俗文

化 書系 樸初題

酒，号百乐之长，又名天下之美禄。

酒文化源远流长，

夏人造酒，商人纵酒，周人节酒，

魏晋乐酒，盛世兴酒，乱世禁酒。

酒，能成事，能败德，能安兵，能丧国。

酒，能佐文人之风流，

能助武将之功烈，

能成夫妇之清欢，

能化丹青之妙笔，

能兴君子之意气，

能添佳人之颜色。

圣人作酒诰，制酒礼，

唯君子不为酒困。

酒文化

新版
雅俗文化书系

过常宝 主编
黄玉将 著

中国经济出版社
CHINA ECONOMIC PUBLISHING HOUSE
·北京·

图书在版编目（CIP）数据

酒文化／过常宝主编．－－北京：中国经济出版社，
2013.1（2023.8 重印）
（新版"雅俗文化书系"）
ISBN 978 - 7 - 5136 - 1916 - 5

Ⅰ．①酒… Ⅱ．①过… Ⅲ．①酒－文化－中国－通俗
读物 Ⅳ．①TS971 - 49

中国版本图书馆 CIP 数据核字（2012）第 223355 号

策划编辑　崔姜薇
责任编辑　崔姜薇　张　博
责任审读　霍宏涛
责任印制　张江虹
封面设计　任燕飞装帧设计工作室

出版发行　中国经济出版社
印　刷　者　三河市同力彩印有限公司
经　销　者　各地新华书店
开　　　本　880mm×1230mm　1/32
印　　　张　7.25
字　　　数　157 千字
版　　　次　2013 年 1 月第 1 版
印　　　次　2023 年 8 月第 2 次
定　　　价　39.80 元
广告经营许可证　京西工商广字第 8179 号

中国经济出版社 网址 www.economyph.com 社址 北京市东城区安定门外大街 58 号 邮编 100011
本版图书如存在印装质量问题，请与本社销售中心联系调换（联系电话：010 - 57512564）

版权所有　盗版必究（举报电话：010 - 57512600）
　国家版权局反盗版举报中心（举报电话：12390）　　服务热线：010 - 57512564

编 委 页

题　　字：赵朴初

名誉顾问：季羡林

主　　编：过常宝

编　　委：过常宝　　徐子毅　　叶亲忠　　崔姜薇

　　　　　姜　子　　金　珠　　萬　晶　　高建文

　　　　　刘　礼　　王静波　　周海鸥　　李志远

　　　　　严　青　　桑爱叶　　任雅才　　刘伟杰

　　　　　黄玉将　　范　洁　　邢国蕊　　于　潇

　　　　　郭仁真　　刘　婕　　贡方舟　　李美超

　　　　　李竟涵　　刘全志　　林甸甸　　杨　辰

　　　　　向铁生

序一　季羡林序
(第一版"雅俗文化书系"序)

　　在中国,对于文化艺术,包括音乐、绘画、书法、舞蹈、歌唱,甚至衣、食、住、行,园林布置,居室装修,言谈举止,应对进退等方面,都有所谓雅俗之分。

　　什么叫"雅"？什么叫"俗"？大家一听就明白,但可惜的是,一问就糊涂。用简明扼要的语句,来说明二者的差别,还真不容易。我想借用当今国际上流行的模糊学的概念说,雅俗之间的界限是十分模糊的,往往是你中有我,我中有你,绝非楚河汉界,畛域分明。

　　说雅说俗,好像隐含着一种评价。雅,好像是高一等的,所谓"阳春白雪"者就是。俗,好像是低一等的,所谓"下里巴人"者就是。然而高一等的"国中属而和者不过数十人",而低一等的"国中属而和者数千人"。究竟是谁高谁低呢？评价用什么来做标准呢？

目前，我国的文学界和艺术界正在起劲地张扬严肃文学和严肃音乐与歌唱，而对它们的对立面俗文学和流行音乐与歌唱则不免有点贬义。这种努力是无可厚非的，是有其意义的。俗文学和流行的音乐与歌唱中确实有一些内容不健康的东西。但是其中也确实有一些能对读者和听众提供美的享受的东西，不能一笔抹杀，一棍子打死。

我个人认为，不管是严肃的文学和音乐与歌唱，还是俗文学和流行音乐与歌唱，所谓雅与俗都只是手段，而不是目的。其目的只能是：能在美的享受中，在潜移默化中，提高人们的精神境界，净化人们的心灵，健全人们的心理素质，促使人们向前看，向上看，向未来看，让人们热爱祖国，热爱社会主义，热爱人类，愿意为实现人类的大同之域的理想而尽上自己的力量。

我想，我们这一套书系的目的就是这样，故乐而为之作序。

季羡林

1994 年 6 月 22 日

新版 雅俗文化书系

酒文化

序二　新版"雅俗文化书系"序

　　人的行为、意识、关系,人所面对的制度、风俗、物质等,都是文化。对于芸芸众生来说,文化与生俱来,人人都不能离开文化而生存。

　　古人说"物相杂,故曰文"(《周易·系辞下》),又说"五色成文而不乱"(《礼记·乐记》),所以,"文"就是多种色泽的搭配,它比自然状态有序而且更好看。圣人以此"化"人,就是要将人从蒙昧自然状态中改造过来,成为知廉耻、懂辞让、有礼仪的人。

　　现代人自我意识增强,就不这么看了。梁启超说:"文化者,人类心能所开释出来之有价值的共业也。"(《什么是文化》)就是说,文化是人类集体内在的灵性和智慧之花,这些花朵被普遍认可,并且形成一道道风景:道德、艺术、政治形态等。

　　这两种说法都有道理：先知先觉的天才们，引领着文化的方向；而我们每一个人，也都参与了文化的创造和延续。如此，文化才成其为文化。

　　政治、经济、伦理、哲学、学术、文学、艺术等，与意识形态和价值有关，有着官方色彩，可以称之为主流文化。而以社会生活为中心，如家庭、行业、风俗、技艺、生活行为等，以及一部分游离在社会法律和制度之外的行为，如绿林、帮会、寺庙、赌博等，则可称之为非主流文化或次生文化。

　　由于今天的"非主流文化"有"反主流文化"的意思，为了避免歧义，我们也可以直接地将这一部分内容称为生活文化和世俗文化。

　　主流文化对社会的发展至关重要，是精英们的舞台，他们以及他们精美的创造，为我们的社会树立了目标和尺度。但是，与我们每个人生活相关的，却是生活文化和世俗文化。生老病死、衣食住行、百般生业、游观娱乐、江湖绿林、方士游医、沿街托钵、鸡鸣狗盗……正是这一切，构成了日常生活的文化图景。

　　本书系关注社会生活，关注这五光十色的世俗图景，并希望能够完整地将它们勾勒出来。我们相信，这一幅幅的生活情态、世俗图景，甚至比那些彩衣飘飘、粉墨登场的角儿、腕儿，更加真实，也更有风采。

　　以"雅俗文化"为名，是为了显示我们对趣味的偏爱，并以此来区分于主流文化典正的姿态和庄严的价值观。其实在生活中是无所谓雅和俗的,弹琴虽然需要更多的教养,赌博对有些人来说似乎天生就会,但作为技艺,两者真有高下的差别吗?何况庄子说一切都与道相通,什么都可以玩出境界来。古人不是常拿厨艺说政治,并且还真有好厨师成了政治家的例子吗?所谓"雅俗文化",不过是遵从习惯的说法,并没有价值高下的意思。

日常生活及世俗图景都是文化,但文化毕竟具有建构性特点。换句话说,那些散乱的现象、意识、习惯等,只有被理解了,才具有意义,才能成为文化。我们编纂这套书系的目的,就是帮助人们理解日常生活和生活传统,从而能真正地从生活中体会到意义和趣味,增加人生的内涵。

我们期望编撰一套集知识性、趣味性甚至实用性为一体的文化丛书。它虽然不是学术著作,但就某一类别文化而言,应该有着系统的、可靠的知识,应该充分揭示出它的精神和境界,并融贯在对各种精彩文化现象的描述之中,使之真正贴近生活、提升生活,成为一道道能够颐养性情、雅俗共赏的精美的文化大餐。

过常宝

2011 年 3 月

新版 雅俗文化书系
酒文化

前　言

　　都说"民以食为天",其实酒也是人们生活中不可缺少的东西,我们甚至可以说"饮以酒为先"。近年来,醉驾事件经常见诸报端,很多人还因此锒铛入狱,酒的名声一下子也坏了起来。其实,酒是冤枉的,无论是祸还是福,都是饮酒的人自己造成的。正所谓"福祸无门,惟人自召"。

　　酿酒耗费粮食,纵酒可以败德,因此历史上出现过无数次的禁酒事件,汉景帝中和三年,汉安帝隆安五年……都曾经颁布过禁酒令。但酒并没有从历史的长河中消失,因为它已经融入了民族文化的血液中,它是不可能被禁绝的。在源远流长的酿酒、饮酒历史中,我们已经形成了独具特色的酒文化。

　　中国历来就有"无酒不成席,无酒不成礼,无酒不成欢"的传统,很多中国人喜欢在酒酣耳热之后攀感情、谈事情。中国人的酒宴既可以是轻松的,很多时候又是严肃的。

西汉初年,刘邦死后吕氏专权。他的孙子刘章对此极为不满。有一次,吕后与吕氏亲贵们聚饮,让刘章做监酒官。刘章要求按军法行酒令,吕后答应了。酒席甫开,就有一个吕氏亲贵要离席。刘章就将这个人杀了,并报告吕后说:"有一个人要逃席,臣按军法把他杀了。"吕后心中愤怒,但有言在先,眼看着娘家人被杀也毫无办法。这件事打响了推翻吕氏的第一枪,被后世传为美谈。

这个故事说明,酒宴自古以来就不是单纯的宴饮场所,它的背后往往隐藏着各种各样的动机和意义。历史上很多人像刘章一样,在酒宴上成其大事,也有很多人在酗酒上败德丧身。

这样的例子同样举不胜举,上至夏桀、商纣那样的国君,下到平民百姓,屡见不鲜。

在作为民族文化重要组成部分的酒文化中,宴饮的礼节无疑是重要组成部分。

早在周代,礼乐文化初兴,周人就把宴饮礼作为礼乐制度的重要内容加以强调。后来虽然礼崩乐坏,宴饮礼节不再那么繁缛、严格,但在公私宴饮中的礼仪仍然为人们所重视。那些在宴席上千杯不醉、不失温仪的人自然就受到人们的尊重。

然而，随着时代文化观念的变化，一些文人才士尽管酒德不佳、不尊礼法，但由于他们的行为代表了这个时代的风尚，他们也成为一代风流的象征。他们的名字和事迹，同样为后人所传诵。

这种现象真正大兴于汉末魏晋时期，这时候的酒实际上是士人个性解放的催化剂和护身符。他们中的佼佼者，如阮籍、刘伶、嵇康、陶渊明等，既是魏晋风流的象征，又是中国酒文化的代言人。

尽管之后的文化趋向复归于正统，但他们引领的个性思潮却一直不绝如缕，为后世文人所倾慕。很多文人甚至直接以酒为号，如"斗酒学士"王绩，"醉吟先生"白居易，"醉翁"欧阳修，等等。随着越来越多的文人才子加入进来，酒催发了他们的才气，他们的才名也成就了酒的名声。此后，才气与好酒似乎就成了做"名士"的两个基本条件。

与宴饮礼仪同时存在的，还有酒令，这是中国酒宴上独有的现象。最早的酒令就与宴饮礼有关，古代就有一种叫作"一觞百拜"的酒令。

酒令发展到后代，更加多种多样。随喝酒人的身份、文化水平的不同而不同，文化程度高的人可以玩"射覆"之类的复杂酒令，文化水平低的人可以玩猜谜语、划拳等易懂酒令。

酒令使得饮酒的文化气息更加浓重，使得酒成了一种流淌着文化基因的液体。如今，繁难的酒令好多人已经不会行了,盛行的多是简易的娱乐性质的酒令。

中国的酒文化博大精深,早已深入到我们生活的方方面面。这从我们耳熟能详的成语、俗语中就可以看出来:画蛇添足、杯弓蛇影、载酒问字等成语都与酒有关系;与酒有关的俗语更是不胜枚举,"酒是色媒人""酒壮英雄胆""无酒不成席"等也仍在市坊间流传。

因此,品味酒的同时传承酒文化,正是我们传承民族文化的应有之义。

新版 雅俗文化书系
酒文化

目 录

做个周到的主人/当个懂礼的客人/做个文明饮酒的人

第一章

上穷碧落下黄泉
——酒文化探源

第一节 造酒传说

任何事物的起源,探讨起来都相当复杂,酒当然也不例外。酒是个神奇的东西,由于古人缺乏相关的科学知识,不能合理解释酒的起源,但他们凭借丰富的想象力,编造了许多关于酒起源的美丽传说。

天生酒星

"天若不爱酒,酒星不在天",这是诗仙李白的名句,可见在唐代人们就认为酒与酒星有关。其实,将酒星与酒联系起来并不是李白的原创,孔融在《与曹丞相论酒禁书》中就提到了"天垂酒星之耀"的话。可见,很早的时候人们就将酒和酒星联系在一起了。

宋代的窦苹有一本《酒谱》,该书成书于宋仁宗天圣

◎ (宋)窦苹著《酒谱》书影 中华书局出版

◎《周礼》书影

二年（公元 1024），是一部研究中国酒文化很有价值的典籍。这部书中提到酒是"*酒星之作也*"。古人将酒的发明权归于酒星，认为酒是天生之物，也足见他们对酒的重视。

托名为周公所著的《周礼》中已经提到了酒旗星，也就是酒星，但具体位置不详。真正明确指明酒星位置的是《晋书·天文志》："*轩辕右角南三星曰酒旗，酒官之旗也，主宴飨饮食。*"轩辕本来是中华民族的始祖黄帝的名字，后来演变成了星星的名字，轩辕星，共有十七颗，酒星在轩辕星的东南方向。古人认为酒星造酒，只是一个美丽的神话而已，自然没有事实依据。后来，人们还用酒星代指善于喝酒的人，如唐代裴说在《怀素台歌》中说："*杜甫李白与怀素，文星酒星草书星。*"

❧ 神农酒器

托名神农氏的《神农本草》中有关于酒的记载，这说明早在上古的神农时代，酒就产生了。胡适将一种人物称为"箭垛式人物"，人们将历史上发生在其他人身上的事都归结到这一个人身上，神农氏就是这样一个"箭垛式人物"：传说中的神农氏教人种植五谷、制作陶器、制作衣服，他还尝百草，治百病。当然，这些事情未必真是神农氏首创的，只是古人将这些

新版 雅俗文化书系 酒文化

4

发明权都归到了他身上。

神农氏所处的时代是新石器时期，距今大约五六千年，当时是中国的农耕时代。农耕时代发展到了一定程度，粮食就可能出现剩余。酒在这个时期产生是有可能的，而且这确实也被考古发现所证明。1957年在河南陕县庙底沟出土了很多陶制酒碗，考古学家认为，这些酒器距今约有五千二百多年。这就可以充分证明，在传说中的神农氏所处的农耕时代，酒就已经产生了。

仪狄酒醪

仪狄造酒，最早见于先秦史官所著的《世本》一书，可惜此书现在已经散佚了，残存至今的零星部分保留在清代人的辑佚书中。《世本》中这样说："仪狄始作酒醪，变五味；少康作秫酒。"仪狄是传说中大禹时候的人。醪是一种糯米经过发酵而成的东西，相当于现在食用的醪糟。醪的颜色洁白，黏稠状的糟糊可以食用，糟糊上面的清亮液体接近于酒。少康是夏朝的第五代君主，秫指的是高粱，也就是说少康用高粱造出了酒。《世本》的记载有些混乱，我们只能大致这样理解：仪狄最先造出了酒，后来少康改进了造酒技术，可以用高粱酿出酒。

《吕氏春秋》《战国策》《说文解字》都记载了仪狄造酒。

记载最详细的是《战国策》，《战国策·魏策》中是这样说的：

昔者，帝女令仪狄作酒而美，进之禹，禹饮而甘之，曰："后世必有以酒亡其国者。"

"帝女令仪狄作酒而美"这句话有两种不同的断句方式，

◎ 《战国策》书影

一为"帝女令仪狄,作酒而美",这样仪狄就可能是位女性,她是大禹手下的官员;二为"帝女,令仪狄作酒而美",这样的话,仪狄造酒就是出于"帝女"的命令了。我们认为,第一种解释较为可靠。

《战国策·魏策》中的话大意是这样的:舜帝之女让仪狄去酿酒,仪狄经过一番努力后,酿出了味道很美的酒,大禹品尝后觉得确实很好喝,但又担心后代有人会抵制不住酒的诱惑而亡国。

仪狄造出了酒,但大禹并没有奖励仪狄,相反却疏远了她,因为大禹认为后世可能有人因酒而亡国。大禹是历史上第一个将酒与亡国联系起来的人,他非常有远见地预测了后世可能发生的酒祸。

仪狄造酒的传说并不是很可靠,因为许多典籍中都有关于黄帝、尧、舜酒量很大的记载,黄帝、尧、舜都是早于大禹的人,这说明酒在仪狄之前就有了;而且据考古发现,中国酿酒的历史实际上远早于传说中的黄帝时代。

酿酒需要很复杂的工艺,不是某个人能够单独完成的,仪狄很可能是中国古代酿酒经验的总结者,她改善了酿酒的方法,所以酒的发明权就归到了仪狄的头上。

杜康秫酒

民间将酒的发明权归到杜康头上,还尊他为"酒神",这恐怕是得益于曹操"何以解忧,唯有杜康"的千古名句——曹操的诗为杜康作了强有力的广告宣传。民间还有"杜康造酒刘伶醉,一醉醉了整三年"的传说。总之,杜康在中国酒史上的名头很响。

◎ 传说中的杜康酿酒汲水处

杜康是什么样的人,典籍的记载多有矛盾之处。《说文解字》认为,杜康就是夏朝的君主少康。宋代的窦苹不同意这种说法,经过详细的考证,他认为杜这个姓是春秋时代才产生的,如果真有杜康其人的话,他一定是春秋时期的人。这样问题又来了,春秋之前的尧、舜等人酒量都很大,这些人都在杜康之前,这就说明杜康不是酒的发明者。

还有的资料认为杜康是汉朝人,曾任过酒泉太守,那他就只能是汉武帝朝或以后的人了。历史记载的矛盾之处,更增加了笼罩在杜康身上的神秘面纱,让我们很难看清他的真面目。

还有人认为杜康是东周时期的人,家在今天的陕西渭南白水,杜康造酒遗址在汝阳县蔡店乡的杜康村。这些恐怕都是后人根据传说附会出来的东西，其真实性是值得怀疑的。

《说文解字》："古者少康初作箕帚、秫酒。"这里认为杜康是秫酒的发明者，这倒有一定的合理性。秫，就是高粱，是中国比较后起的一种农作物，它晚于稻、黍、粟等作物。杜康很可能是一位较早用高粱酿酒的人。据传说，他不仅用高粱酿酒，还用高粱秸造出了簸箕、扫帚等工具。因此，如果传说是真，杜康很可能是中国高粱酒的祖师爷。

青田注水

崔豹，字正熊，一字正能，晋惠帝时官至太傅，他的《古今注》中记载了另一种造酒的传说。在乌孙国有一种叫作青田的核，这种叫作青田的核有种神奇的作用，只要将核浸入水中，就会有美酒出来。这种核大小不等，大的像葫芦瓢那么大，在核里面装上水后，不久水就会变成酒。那时候中原人看到的青田只有核，并不知道其实原来的形状。因为，乌孙国是东汉时由游牧民族乌孙在西域建立的行国，位于巴尔喀什湖东南、伊犁河流域，中原距离乌孙很遥远，中原人不了解乌孙的情况也很正常。用青田核造的酒，喝干后再向核里面加水，又会成为酒。但这种酒有一个缺点，必须随盛随喝，存放的时间久了，酒就变成苦的了。

这大概是中原人对乌孙异域的美好想象，这种神奇的核现在是不存在的。

酒虫化酒

有很多人好酒成瘾，古时的人们认为这是"酒虫"作怪。

关于酒虫的故事有很多,宋代洪迈的《夷坚志》、清代蒲松龄的《聊斋志异》都有介绍,最为详细、生动的是蒲松龄的《聊斋志异》。

长山有位姓刘的人,身体肥胖却很喜欢喝酒,每次一个人都要喝掉一大坛酒。这个人家境不错,有三百多亩良田,他将一半的地都种了用于酿酒的黍。因为他很富有,所以从来不担心没钱喝酒。一次他遇到一个番僧,番僧说他得了一种很奇怪的病。刘某不承认自己有病,番僧问他是否喝酒从来喝不醉,刘某说是,番僧说之所以会这样是因为肚子里有酒虫。刘某感到很惊讶,请番僧为他治疗。番僧一口应承下来。

◎ 蒲松龄像

9

番僧的治疗方法很独特,什么药都不需要,只是将刘某的手脚绑住,让他中午俯身躺下,并在离刘某头部半尺左右的地方放一坛美酒。酒香不断飘入鼻中,不一会儿刘某的酒瘾就上来了,但困于被绳索缚住,酒就在身边就是喝不到。挨了一阵子,刘某突然觉得自己喉咙奇痒难耐,接着哇的一声就吐出了一个东西。这个东西吐出后并没落地,而是直直地落进了酒坛中。

刘某解开绳子后就去看酒里的东西,结果发现一条怪虫:那虫大概有两寸长,满身红肉,眼睛、嘴巴都具备,像鱼一样地在酒坛中游来游去。

治疗已毕,刘某就要给番僧诊金。哪知番僧不要钱,却只要他吐出的那条虫子。刘某不知番僧的用意,就追问原因。番僧解释道:"这虫是酒的精华,将坛子里盛满水,把此虫放进去搅动一下,水就会变成美酒。"刘某让和尚试了一下,果然像和尚说的那样。

自从吐出酒虫之后,刘某见到酒就像见到仇人,一滴都碰不得了。

这个酒虫故事的产生,实际上是由于古人医学知识欠发达,不知道如何解释人嗜酒的原因,就编造出了这样的故事。

猿猴果酒

猿猴造酒的传说,古代典籍中多有记载,记载最详细当属明代李日华的《紫桃轩杂缀》和清末民初徐珂编定的《清稗类钞》。《紫桃轩杂缀》记载:

◎《紫桃轩杂缀》书影

黄山多猿猴,春夏采杂花果于洼中,酝酿成酒,香气溢发,闻数百步。野樵深入者或得偷饮之,不可多,多即减酒痕,觉之,众猱伺得人,必嬲死之。

黄山中的猿猴不但可以采集杂花果造酒,而且这种果酒质量很高,酒香甚至飘出数百步远,比之人类造出的名酒也有过之而无不及。入山采樵的樵夫可以悄悄地偷喝一些,但不能多喝,如果猿猴发现酒少了,就会向偷喝的人报复——杀掉他。

徐珂的《清稗类钞·粤西偶记》中也有类似的记载:

粤西平乐等府,山中多猿,善采百花酿酒,樵子入山,得其巢穴者,其酒多至数石,饮之,香美异常,名曰猿酒。

粤西平乐等府,位于今天的广西壮族自治区东部地区,古时候这是比较偏僻的地方。这儿的猿猴也会采百花酿酒,而且酿的酒多至数石。不仅量大而且质优,喝起来香美异常。读到此处,使人不觉酒虫蠕动。

猿猴造酒,看似荒唐,其实是合乎科学道理的。苹果放的时间长腐烂了,就会散发出酒味。因为,水果腐烂后会产生酒精,这是一种再正常不过的现象。猿猴拾到自然发酵的野果后,将它们储存起来,时间久了自然也就成了酒。况且,猿猴是灵长类动物,智力发达,能够从采食中学得这种天然的酿酒技术也不是不可能的。

关于造酒的传说和实例举不胜举,说法各异。但有一点我们是可以确定的,那就是最初的酒不是人们有意研制出的,而是无意中发现的。

剩饭放久了,在适当的条件下就会产生酵母菌。食物被酵母菌发酵到一定程度,就会产生酒精。这种现象被人类无意间发现,后来逐渐地掌握了酒产生的规律,造出了酒。晋朝人江充的《酒诰》用简练的语句揭示过这一道理。

有饭不尽,委余空桑;郁积成味,久蓄气芳;本出于此,不由奇方。

江充的意思是说,将剩饭扔进桑树洞里,时间久了就会产生芬芳的气味,这就是酒产生的原理——可见,酒不是什么神灵赐予的礼物。

南宋周密的《癸辛杂识》记载过一个梨子自然发酵成酒的故事,里面的原理与江充著作中提到的如出一辙,只是故事更为生动:

周密的朋友仲宾家有一个大梨园,一株树可以收获两车梨。有一年,梨子大丰收,卖又卖不出去,只好拿去喂猪。仲宾觉着用梨子喂猪有点暴殄天物，就精心挑出了许多梨放进了一个大缸里，盖上盖子，用泥封上了口，将装满梨子的缸找地方藏了起来，以备不时之需。哪料过了不到半年，仲宾就将这件事情忘记了。

一天，他在园子中散步的时候，闻到酒气熏人。他怀疑守园子的人在偷偷酿酒，就向他们讨酒喝，守园子的人坚决不承认。大家都觉得很奇怪，就一起去寻找酒气的来源，原来是从藏梨子的缸中发出来的。人们开缸一看，发现里面的梨早就变成了美酒。

众人取来痛饮，结果都醉倒了。

元代的大诗人元好问在《蒲桃酒赋》序言中也提到了一个类似的故事：

贞祐中，邻里一民家避寇，自山中归，见竹器所贮蒲桃在空盎上者，枝蒂已干，而汁流盎中，薰然有酒气。饮之，良酒也。盖久而腐败，自然成酒耳。不传之秘，一朝而发之。

葡萄放的时间久了，自然发酵，就变成了酒，这是符合自然规律的。"不传之秘，一朝而发之"，元好问认为这就是酿造葡萄酒的"不传之秘"。

酒的产生原理就这样被人类无意中掌握了。后来的人们在酿酒和饮酒过程中积累经验，改进酿酒技术，终于创造出了种类繁多的佳酿。

第二节　悠悠酒史

中国是历史悠久的文明古国,酿酒的历史同样也很久远。大量的考古资料表明,酒的出现可以追溯到新石器时代中期以前:大汶口遗址出土了高柄陶制酒杯,仰韶遗址发掘出了尖底瓶、细颈壶等酒具……这些都是最有力的证明。

夏代的酿酒技术有了很大的发展,传说中酒的发明者仪狄就是夏朝人。二里头遗址的殉葬陶器中,数量最多的是酒器,其次才是饮食器,这足以说明酒在夏代人生活中的地位。

商代的酿酒业非常发达,商代中后期掀起了中国历史上的第一个饮酒高潮期。考古发掘出的许多与酒有关的青铜器充分说明了这一点。河南罗山天湖息族墓葬在时代上被划入商朝晚期,墓葬出土了一个密封良好的青铜卣,里面装的是酒,这是一个令人感到十分惊奇的考古发现。经专家鉴定,每百毫升内含8.239毫克的甲酸乙酯,香气四溢。此外,河北藁城台西村的商代遗址中,还发现了酿酒作坊及大量的酒器。

其实早在殷商时期,先民就知道了用曲酿酒的方法,这就使得大规模酿酒成为可能。酒曲是一种含有大量微生物的神奇发酵物。酒曲也是自然产生的,发芽、发霉的粮食是最天然的酒曲。将酒曲浸泡到水中,就能发酵成酒。人们经过向自然无数次的学习,明白了酒曲产生的规律,经过无数次的试验，终于造出了人工酒曲，这是中华民族对人类的又一重大贡献。《尚书》在追述殷商佚事时说："若作酒醴，尔惟曲蘖。"曲蘖（niè），就是酒曲。

西周时期，中国的酿酒艺术又向前跨进了一大步，制曲技术也有了很大的进步。人们已经发现了黄曲霉酿酒效果极佳，它不仅有极强的糖化能力，还可以让曲变成黄色。周代的贵族很喜欢这种颜色，就用黄色制定了一种叫作"曲衣"的礼服。

这时期，中国的酿酒工艺得到了系统的总结，主要可以概括为"五齐"与"六法"。

一曰泛齐，二曰醴齐，三曰盎齐，四曰醍齐，五曰沉齐。

这就是《周礼·天官》中概括的"五齐"，也就是发酵的五个阶段："泛齐"指发酵开始了，谷物开始膨胀变大，有些谷物还漂浮到了水上边；"醴齐"指糖化作用进行得很迅速，粮食散发出了甜味；"盎齐"指发酵进行到一个新的阶段，气泡冒起，发出了响声；"醍齐"指酒精成分增多，颜色开始变深；"沉齐"指发酵过程结束，酒糟沉下来。中国先民将发酵过程分成这五个阶段是十分科学的，这种分类方法在现代看来，仍然不过时。

秫稻必齐，曲蘖必时，湛炽必洁，水泉必香，陶器必良，火齐必得。

这是《礼记·月令》中提到的酿酒必须注意的六点事项，可以称之为"六法"。

这六点注意事项的大意是这样的：一是讲原料，造酒用的高粱、稻子等谷物必须是成熟的、饱满的，俗话说"粮是酒之肉"，粮食的质量对酒的质量有关键性的影响；二是讲制曲，制曲的时间必须是准确无误的，早不得，也晚不得，否则就会影响酒的质量；三也是讲原料，造酒的谷物必须清洗干净，不能残留任何的泥土等杂质，谷物还必须经过充分的浸泡，这样才有利于糖化；四是指水质，酿酒用的水必须清洁无污染，用现在的话说，就是水质要呈微酸性，这样有利于糖化和发酵，水的硬度也要适宜，这样可以促进酵母菌的生长繁殖；五是讲盛酒的器皿，必须是上等的器皿；六是讲温度，温度要适宜，科学研究证明，以适合酵母菌活动的三十摄氏度左右最为适宜。

"六法"是中国酿酒经验的科学总结，对现在的酿酒业仍有很强的指导意义。

战国时期，楚国的饮酒之风很盛，许多的历史典籍都有记载，这也被考古资料所证实。1974 年，考古学家在河北平山县的战国墓葬中发掘出两壶酒，据专家化验，含有糖、脂肪、乙醇等三十多种成分，这两壶酒距今有 2200 多年，是名副其实的古酒。

在中国古代，酒很早就成了商品，可以在市场上出售。酒成了商品之后，自然也就有了卖酒的铺子，称为酒肆。《韩非子》中记载了一个关于酒肆的故事。

◎ 韩非像

宋人有酤酒者，升概甚平，遇客甚谨，为酒甚美，县帜甚高著，然而不售，酒酸。怪其故，问其所知同者杨倩，倩曰："汝狗猛耶？"曰："狗猛，则酒何故而不售？"曰："人畏焉。或令孺子怀钱挈壶罋（wèng）而往酤，而狗迓而龁之，此酒所以酸而不售也。"

这个故事的大意是这样的：宋国有家卖酒的，酒的价格很公平，对顾客也很殷勤,酒的质量也很高,招揽顾客用的酒旗挂得也很高,可是酒就是卖不出去,酒都发酸了。店主不知道什么缘故,就去请教一位他认识的名叫杨倩的老人。老人告诉他,酒卖不出去是因为他酒肆里面养的狗太凶猛。大人让小孩提壶来买酒,狗扑上去就咬,当然没有人敢来他这儿买酒了。

从这个故事中我们可以得到许多信息:首先,酒肆在春秋战国时期已经普遍存在,而且肯定不止一家,否则这家酒店里的酒也不会酸掉了;其次,当时卖酒的人已经明白了广告的作用,悬挂酒旗来招徕顾客,这可以看作是广告的雏形;再次,当时的酒店规模不大,只卖酒而不提供饮酒的地方,买酒的人必须买回家里喝。

秦孝公时期的商鞅变法是历史上的大事件,它对酒的制造也有重要的影响。当时秦国实行重农抑商的政策,酒价十倍于成本价,这可称得上是最早的天价酒。

秦汉时期的酿酒业较之以前有了进一步的发展。秦代曾经禁止用多余的粮食酿酒,禁止卖酒获利。

到了汉代,国家对酒的管理更加规范。汉代始元六年(公元前81年),每升酒四钱,这是中国历史上关于酒价的最早记载。公元前98年,汉武帝采纳桑弘羊的建议,实行酒类专卖制度,这一制度共实行了十七年。武帝时交通西域,民族之间的交流空前增强,长安出现了很多西域人开设的酒店。

魏晋南北朝是中国酿酒业大发展的时期。这时期不仅酿酒工艺大为改进,酒的品种也越来越多,酒的度数更是有了大提高,还出现了用于治病的药酒。在晋代,人们在酒曲中加入了草药,用这种酒曲造出来的酒别具风味。

当时贾思勰著成的农书《齐民要术》中,就记载了九种制曲的方法与三十九种酒的酿造方法,这些方法对今天的酿酒业仍然很有指导价值。

尤其值得一提的是,由于此时代表时代精神的"魏晋风流"与酒有着不解之缘,因此,这时期还出现了中国历史上第一批酒中名人——如阮籍、刘伶、陶渊明就是其中的代表人物。

唐宋的酿酒业在前代的基础上有了进一步的发展,制曲技术、酿造技术都有了

◎ 《齐民要术》书影

极大的进步。北宋哲宗时期的朱肱写出了中国酒史上的杰作《北山酒经》,这是中国完整论述酒文化的力作。

理论的总结必须以实践为基础,唐宋时期的酿酒技术是十分发达的,很重要的一个体现就是葡萄酒的出现。

汉代张骞通西域之后,中原地区才有了良种葡萄。从汉到唐,中原大地虽然有了葡萄,但葡萄并没有得到推广。葡萄一直都是只有贵族才可以享用的珍品,这种现象一直持续到唐朝初年。后来在唐太宗征服了高昌(今天的新疆吐鲁番)之后,得到了优良的葡萄种子,葡萄酒的酿造才兴旺起来。

随着葡萄酒的风行,它更是成为诗人吟咏的对象,诗人王翰的"葡萄美酒夜光杯,欲饮琵琶马上催"就是咏葡萄酒最有名的佳句。

唐代京城长安、东都洛阳是最繁华的两大城市。这两个城市中酒铺林立,成了文人雅士聚会的好地方。李白、杜甫、白居易等人都曾在这里留下了脍炙人口的咏酒名句。从这个意义上我们可以说,唐代不仅是诗的时代,也是酒的时代。

最初人们喝的酒，是连汁液带渣滓一起吃掉的。后来的酒尽管去掉了渣，但也都属于甜酒的范围，度数很低。古人所说的饮酒一斗或五斗，看似惊炫，其实也并非什么了不起的事情。

现在高酒精度的白酒都是用蒸馏法酿制而成的。由于酒精的沸点比水低，气化比水快，在蒸馏酒醪时，只要掌握好适宜的温度和时间，就可以得到高浓度的酒，也就是今天所说的白酒。

蒸馏酒起源于何时，研究者们意见不同。著名科技史家李约瑟认为起源于南北朝时期，而另有学者则认为起源于唐宋。这一点尽管我们还不能确定，但有一点是确切无疑的——宋代已经有了蒸馏酒。这的确堪称是酿酒史上划时代的大事，也是宋代酿酒业发达的重要标志。

1975 年，河北省青龙县出土了一套蒸馏酒用的器皿，学者们认为这套器皿的时代不晚于宋高宗绍兴三十一年。这是宋代出现蒸馏酒的最可靠的实物资料。

此外，我们还可以从宋代的文献中得到相关的旁证。比如，北宋诗人苏舜钦留下了"时有飘梅应得句，苦无蒸酒可沾巾"的诗句，这里的"蒸酒"就是现在的白酒。宋代的医学家宋慈在《洗冤录》中还记载了用"烧酒"解蛇毒的方法，这里的"烧酒"显然是酒精度高的蒸馏酒，度数不高则不可能起到消毒的作用。

明清时期是中国酒文化的总结时期，无论是制曲技术还是酿酒技术都大大超越了前代。明清时期，中华大地出现了南酒与北酒两大体系。南酒主要是指江浙一带的酒，以绍兴的黄酒最为有名；北酒以京、晋、冀、鲁、豫等地的酒最有名，北酒虽然也有米酒，但以度数高的烧酒最为著名。

不仅如此,随着商业的发展,明清时期的酒肆在前代的基础上也有了大发展,还出现了许多高级酒楼,著名的有会仙楼、泰和楼等。在明清两代,酒肆不再是简单的饮酒场所,而成了人们社交的重要场所,这已经与今天的酒店很像了。

第三节 美酒美器

上古三代有精美绝伦的青铜酒爵,唐代有盛"琥珀光"的玉碗和盛"葡萄美酒"的"夜光杯",《水浒传》中的宋江在浔阳酒楼上曾感叹"美食美器"……这说明,喝酒喝的不仅是酒本身,盛酒的器皿也很重要。有美酒,还必须有美器相配,这样酒才可以喝出独到的风味。酒器按照不同的制作材料可以分成陶制酒器、青铜酒器、瓷制酒器、漆制酒器、其他材料酒器等,这些不同材料制成的精美酒器是酒文化,也是民族文化的重要组成部分,是古人智慧的结晶。

陶制酒器

陶器是利用可塑性强的陶土塑造、经高温焙烧而成的器皿,陶器中也不乏酒器。1983年,陕西省眉县杨家村出土了五只小酒杯、一只陶葫芦、四只高脚杯共计十件陶制酒器。经专家考证,这些酒器距今有五千八百年到六千年的历史。陶制酒器因其造价相对低廉、易于做工等优点一直为古人所垂青。

◎ 龙山文化 陶制酒器

即使是到了商周时期,青铜酒器大量使用,但那也更多是作为礼器,人们更多时候还是使用陶制酒器。一直到了汉代,陶制酒器都还在为王公贵族服务。河北满城的中山王汉墓中就出土了十六个大陶尊。寻常人家就更不必说了。

陶器可以分为红陶、白陶、黑陶、彩陶等多种,这些品类繁多的陶器也多见于酒器。出土的陶制酒器种类十分繁多,有壶、钵、尊、瓶、杯、碗等。随着审美意识的觉醒和提高,人们不仅开始看重陶器的使用价值,还注重其审美价值,出现了许多造型和装饰都很优美的器皿,如鸟形陶壶、人形陶瓶、鹰形陶尊等。不仅如此,许多陶制酒器上还绘有彩色的花纹,有的酒器上还有精美的图案。

这些做工精美的酒器不只是酒史上的精品,同时还是艺术史上的杰作。

青铜酒器

中国冶炼的历史很悠久,至迟在原始社会后期就已经开始了。真正的兴旺时期是"青铜时代",也就是夏商周三代,尤其是商周两代。商周两代青铜器的铸造盛极一时,出土的文物数不胜数,其中更有后母戊大方鼎、四羊方尊等旷世杰作。

商周时期的青铜酒器种类繁多,按用途可以分为造酒器、储酒器、温酒器、斟酒器、饮酒器等;有名可称的青铜酒器更是数不胜数,光古书上记载的就有尊、斗、爵、卮、角、彝、卣、斝、觥等多种。这些酒器优美异常,还出现了许多模仿动物形状制成的酒器,如牛、羊、猪、虎、象都

◎ 商代早期二里头文化的青铜爵

是青铜酒器上的常见形象。这些动物被塑造得栩栩如生,让今人叹为观止。

值得一提的是,由于商周两代文化差异较大:商人重巫鬼祭祀,周人重人事礼制。所以从考古发现来看,商代出土的青铜酒器所占出土青铜器的比例远高于周代。这与周人立国之后,吸取商朝亡国教训,节制饮酒,开国伊始就颁布《酒诰》有直接关系。这也恰恰说明,酒在周人心目中,已经受到特别的重视了。

做工精美的青铜酒器在周代之后就逐渐淡出了人的视线,只有在祭祀的时候才可以看见它们的身影,寻常酒席上使用更多是其他廉价材质的酒器。

青铜酒器走下餐桌有着复杂的原因:首先,青铜酒器的制作成本比较高,后世的青铜主要用作制造货币的原料;其次,青铜酒器不仅是一种喝酒的器皿,更是一种礼器。春秋战国时期,礼崩乐坏,后世礼制更是变更剧烈,礼节上用的青铜酒器自然也就派不上用场了;再次,从化学方面说,铜能与二氧

化碳、水蒸气发生化学反应,产生有毒的铜绿,这是青铜酒器最为致命的缺点。经常用青铜酒器喝酒,很容易导致铜中毒。而且,铁器时代更重实用,青铜器所代表的祭礼文化更多只用于特殊的场合。基于以上原因,青铜酒器退出历史舞台也是必然的。

瓷制酒器

瓷器、丝绸、茶叶是中国古代最主要的出口商品,外国人最早就是通过这三样物品了解中国的。瓷器的影响更大,中国的英文名字 China 就是来源于瓷器 china。现在故宫博物院珍藏了无数的历朝历代瓷器珍品,每天都在迎接着来自五湖四海的游客,向他们展示着中华文化的博大精深。

◎ 东晋越窑青瓷鸡首壶

1965 年,考古学家发现了一件商代中期的青瓷尊,这是能够看到的距今最早的瓷器。

魏晋至隋唐时期的瓷制酒器主要包括鸡首壶、杯、尊几类。1972 年,南京麒麟门外的梁代大墓中出土了一件大型盛酒器皿——青瓷莲花尊。这是南北朝时期最为精美的瓷器珍品。

唐朝中期出现了一种盛酒与斟酒的新器具——酒注子。

酒注子由前代的鸡首壶发展而来。鸡首壶上的鸡头原来是装饰用的，没有实际用处。后来制作瓷器的工匠们发挥自己的聪明才智将鸡头变成中间有孔的壶嘴，这样酒液就可以通过壶嘴倒进酒杯里了。酒注子酷似今天的酒壶，可以看作是酒壶的前身。

宋代是瓷制酒器空前发展的时期，宋代出现了官窑、汝窑、哥窑、定窑、钧窑五大名窑。宋代的瓷器艺术质量极高，人们用"青如天，明如镜，薄如纸，声如磬"的极高评语来誉之。宋代还发明了一种可以让酒保温的瓷制酒注子，原理和今天的暖瓶有点相像。明清时期，制瓷工艺有了进一步的提高，瓷制酒器日臻完美，达到了登峰造极的艺术境界。"瓷都"景德镇生产的瓷制酒器更是精品中的精品。

漆制酒器

《韩非子·十过》中说舜、禹时期就产生了漆器，这种记载是合理的，并且被考古发现所证实。距今约七千年的河姆渡遗址中就出土了木胎漆碗；距今约五千年的良渚文化中甚至有了镶嵌着玉的漆杯。

漆器产生的年代虽早，但其辉煌的时代是在汉代。漆制酒器种类很多，有杯、斗、尊、卮、壶、斗等。

漆器的辉煌较为短暂，漆制酒器在南北朝时期就不常用了，原因主要是漆器的制作工艺复杂，因而价格不菲，不是一般的人能够消费的。随着更便宜、更实惠的瓷器的出现，就导致了漆器的淡出。

其他材料酒器

除了陶、青铜、瓷、漆等材料外，金银、玉石、象牙等贵重材料也被用来制作酒器。当然，这种酒器非一般人能够享受得起。

金银酒器产生于东周，鼎盛于唐代。唐代皇宫内还出现了专门制作金银酒器的机构——宣徽院。最早的玉制酒器出现于汉代，有卮、杯、盏、爵等多种。

玉制酒器最有代表性的要数明定陵出土的金托玉爵。该玉爵充分体现了皇家的气派。

◎ 明代金托玉爵

◎ 商代妇好墓出土的象牙觥杯

象牙材质名贵、洁白如玉，也是制作酒器的上好材料。1976 年安阳殷墟妇好墓中出土的象牙觥杯是闻名中外的象牙酒器。

除了这些材料制作的酒器外，中国历史上还有很多不太高雅的酒器，它们并不能代表我们悠久的酒文化，却也是酒文化中的另类现象。

西汉的时候，匈奴单于曾把大月氏国王的头颅做成酒器，从此大月氏与匈奴结下了不共戴天之仇。用人的头颅做酒器，是令人发指的行为，可惜历史上的这种暴行并不是只发生了一次。《资治通鉴》记载："赵襄子漆智伯之头以为酒器。"赵襄子联合韩、魏两家灭掉了智伯，赵襄子还把智伯的头颅制成了酒器，这是一件现在想起来还令人不寒而栗的事情。这种用人头颅骨制作酒器的行为，中外都有。

宋元时期还有人喜欢用妓女的鞋子载酒杯行酒，称之为"鞋杯""金莲杯"，这反映了古人对女人三寸金莲的珍爱，是一种变态的审美情趣。

第四节　酒香四溢

中华民族是个好酒的民族，有人说中国人每年都会喝干一个西湖，这种说法当然有些夸张，但也充分说明了酒在中国人日常生活中的地位。中国的名酒很多，有些品牌还成了世界名酒，比如茅台、五粮液、二锅头等。1915 年，巴拿马万国博览会，中国获奖的展品全部是酒，茅台酒更是获得了金奖。这些还只是近现代的名酒，中国古代的名酒更是令人神往。

兰陵美酒

兰陵酒的酿造历史十分悠久，最早可以追溯到商代。甲骨文卜辞中关于"鬯其酒"的记载,就是对兰陵美酒最早的描述。

战国时期的儒家大师荀子曾两度担任兰陵令,从此兰陵酒身上又蕴含了深厚的历史文化内涵。

1995年秋,江苏徐州狮子山西汉楚王墓出土了一些圆形陶制酒坛,泥封上有"兰陵贡酒""兰陵承印""兰陵之印"的戳记。泥封打开后,酒香四溢,令现场的考古学家赞叹不已。据专家鉴定,这些有着2148年历史的兰陵酒与今天的兰陵酒同为一宗。这项考古发现,印证了兰陵酒的悠久历史。

北魏时期著名农学家贾思勰对兰陵美酒的生产工艺进行了科学总结,并将其写入了农学经典《齐民要术》中。

兰陵酒的名声是与另一位大人物李白分不开的,他是兰陵美酒最有名的代言人,他的千古名句也成了兰陵酒最好的广告词。

兰陵美酒郁金香,玉碗盛来琥珀光。但使主人能醉客,不知何处是他乡。

李白这首名为《客中行》的绝句,据学者考证写于开元二十八年。"兰陵美酒郁金香,玉碗盛来琥珀光",这两句概括出了兰陵酒色香味俱全的特点。兰陵酒散发出花一般的香气,盛在玉碗里看起来犹如琥珀般晶莹剔透,真让人垂涎三尺。李白诗歌的后两句说,只要主人能和我一起开怀畅饮、不醉不休,我又管它这里是家乡还是异乡呢!沉醉于兰陵酒中的诗人居然忘却了思乡之情,兰陵酒的魅力可见一斑。

在唐代,兰陵酒已经成了宫廷御用酒,据说天生丽质的杨贵妃对兰陵酒情有独钟。也许"贵妃醉酒"醉的就是兰陵酒吧。唐代的兰陵酒还通过京杭大运河远销南京、杭州等地,成为风靡全国的名酒。

北宋著名书画家米芾饮过兰陵酒后,挥毫泼墨写下了"阳美春茶瑶草碧，兰陵美酒郁金香"的诗句。这幅作品至今还完好地保存在湖北襄樊的米公祠内。从米芾的诗句我们知道，兰陵美酒与阳羡春茶是宋代的两大齐名佳品。

　　兰陵美酒，清香远达，色复金黄，饮之至醉，不头痛，不口干，不作泻。共水秤之重于他水，邻邑所造俱不然，皆水土之美也，常饮入药俱良。

◎ 李时珍像

　　这是明代医学家李时珍在他的《本草纲目》中给予兰陵酒的高度评价。在李时珍看来，兰陵美酒色香味俱全，喝了之后不头痛、不口干、不拉肚子，对身体没有任何的副作用。李时珍还认为，兰陵美酒之所以会有这些优点，与当地的优良水质是分不开的。除了日常饮用之外，兰陵酒还是入药的佳品。

　　清代诗坛盟主王士祯在一首名为《寄任同年》的诗中写道："阳羡六班茶，兰陵十千酒。古来佳丽区，遥当五湖口。"王士祯不仅赞美了兰陵酒，还称赞兰陵酒的产地是"佳丽区"。

　　新中国成立后，古老的兰陵酒在党和政府的关怀下焕发出新的生机。1954年，周总理率领中国代表团参加日内瓦会议，兰陵美酒也随着总理漂洋过海，从此名扬四方。

🌸 新丰美酒

新丰在今天的西安临潼区,新丰的名字与汉高祖刘邦是分不开的。

刘邦称帝后将父亲接到了长安,尊称他为太上皇。太上皇身在长安却心念故乡,刘邦便命巧匠胡宽依照家乡丰里的样子建造了新丰城,意为新迁来的丰里。新丰建成后,太上皇还想念家乡的美酒,刘邦便将家乡的酿酒工人也迁了过来,从此新丰美酒享誉天下。

南朝梁元帝留下了"试酌新丰酒,遥劝阳台人"的诗句。阳台代指仙境,梁元帝的意思是喝过新丰酒的人就好像进入了仙境,由此我们可以想象新丰酒美到什么程度。

◎ 王维像

"斗酒诗百篇"的李白对新丰酒也是喜爱有加,他在《效古二首》其一中说:"清歌弦古曲,美酒沽新丰。"将新丰酒与古代的音乐相提并论,可见喜爱之深。

他还在一首名为《杨叛儿》的诗中写道:"君歌杨叛儿,妾劝新丰酒。"用诗歌为新丰酒做广告的不只李白一人,唐代的另一位大诗人王维也写过一首脍炙人口的关于新丰酒的诗:

新丰美酒斗十千,咸阳游侠多少年。相逢意气为君饮,系马高楼垂柳边。

这首诗名为《少年行》,是一首咏侠诗。它描写了少年侠客的日常生活,歌颂了他们的友情与豪爽气概。新丰酒是名酒,自然价格不菲,一斗酒要十千钱。少年侠客相视一笑,莫逆于心,痛饮新丰美酒,结下了生死不渝的友情。新丰酒衬托出了游侠的豪情气概,而游侠让新丰酒的名字更加响亮。

唐代诗人储光羲在《新丰主人》诗中写道:"满酌香含北砌花,盈尊色泛南轩竹。"从诗歌中我们可以看出,新丰酒的香味如同馨香的花朵,色泽如同青翠的竹子,看一眼人都会醉了,更何况大碗地痛饮呢。

新丰酒直到清代仍是名酒,是人们宴饮的上选佳品。

汾酒甘露

汾酒最早起源于何时已经不可知,但早在一千四百多年前就有了"汾清"这个酒名。据《北齐书》记载,北齐武成帝高湛在写给臣子的信中说:"吾饮汾清二杯,劝汝于邺酌两杯。"皇帝觉着酒美,还要推荐给自己的臣子,可见美酒之美名不虚传。

宋代《北山酒经》记载:"唐时汾州产干酿酒。"《酒名记》记载:"宋代汾州甘露堂最有名。"这里说的都是汾酒。

大诗人杜牧的《清明》一诗,给汾酒做了最好的广告。

清明时节雨纷纷,路上行人欲断魂。借问酒家何处有,牧童遥指杏花村。

杏花村产的酒就是汾酒,这首诗歌为汾酒制造了极大的广告效应,成了汾酒最好的广告词。

李自成行军经过杏花村,痛饮汾酒,留下了"尽善尽美"的评价。清代李汝珍的小说《镜花缘》第九十六回列举当时最知名的五十多种美酒,排在第一位的就是汾酒。民初徐珂编撰的《清稗类钞》中记载了不少人嗜饮汾酒的故事。共和国的开国领袖毛泽东主席也对汾酒赞不绝口,他给汾酒的评价是"纯正"。毛泽东主席虽然喝得不多,但很爱喝。

🌀 绍兴黄酒

绍兴地区有酒的文字记载首推《吕氏春秋》与《左氏春秋》两书,两书记载的酒都与越王勾践有关。《左氏春秋》中记载勾践曾用酒来鼓励生育:"生丈夫,二壶酒,一犬;生女子,二壶酒,一豚。"生男生女的奖励虽然不同,但都少不了酒。《吕氏春秋》中还记载了勾践用酒劳师的故事,勾践在出师伐吴时,父老乡亲向他献酒,他将酒倒在河流的上游,与将士们一同痛饮。在他的感召下,军队的士气大振。

◎ 越王勾践塑像

最早记载以绍兴地名作为酒名的是萧绎的《金缕子》,书中提到"银瓯一枚,贮山阴甜酒"。山阴就是指今天的绍兴。

晋代嵇含所著的《南方草木状》第一次提到了女酒,这里的女酒就是花雕酒的前身。

唐代绍兴酒大放异彩,诗仙李白、四明狂客贺知章都留下了关于绍兴酒的优美诗篇。

宋高宗赵构将年号改为绍兴,将越州升为绍兴府,绍兴酒才真正定名。

明清时期是绍兴黄酒发展的高峰期,不仅品种繁多,而且质量上乘,绍兴黄酒也就成了黄酒家族里的佼佼者。当时绍兴黄酒直接称呼"绍兴",连"酒"这个字都不用加,这正是"**越酒行天下**"的真实写照。

绍兴黄酒中最有名的要数"花雕酒"了,它还有个名字叫"女儿红",这个名字背后还隐藏着一个有趣的故事呢。

相传很久以前,绍兴东关有位富翁特别喜欢孩子,可是他的夫人却总是没有身孕。富翁后来寻得一个偏方,用过之后,妻子果然怀孕了。他大喜过望,特地酿制了二十多坛黄酒以示庆贺。富翁的妻子生了个女儿,于是他在孩子满月那天大宴宾客,亲友们共醉了一场。酒席结束后,富翁见还有好几坛酒没有喝,于是就将酒埋在了花园中的桂树下。

十八年后,富翁的女儿出嫁,在喜宴上宾客们开怀畅饮,可是酒却不够了。正在为难的时候,富翁想起了十八年前埋在桂花树下的酒,忙令人掘出来待客。酒坛打开后,酒香四溢,沁人心脾,宾客们争先恐后地喝起来。席上的一位诗人赞叹道:"地埋女儿红,闺阁出仙童。"此后千百年间,绍兴地区就形成了"生女必酿女儿酒,嫁女必饮女儿红"的风俗。

后来,生男孩时,也酿酒、埋酒,盼望儿子中状元时庆贺饮用,所以这酒又叫"状元红"。

绍兴是伟大的文学家鲁迅先生的故乡,鲁迅在其作品中数次提到过酒,最有名的要数《孔乙己》中的咸亨酒店了,

◎ 鲁迅先生像

一碗黄酒,一盘茴香豆,这就是孔乙己的美味。现在,喝黄酒,游鲁迅故里,已成为一种游人热衷的旅游项目。绍兴黄酒成就了鲁迅的《孔乙己》,《孔乙己》也为绍兴黄酒做了最好的广告。

第二章

成事败德皆由人
——酒之风俗

第一节 酒能成事

赵匡胤的"酒兵"

古人认为酒可以让人消愁解忧，就像士兵在战场上克敌制胜，所以称呼酒为"酒兵"。据《南史·陈庆之传》记载："故江谚有言，酒犹兵也。兵可千日而不用，不可一日而不备；酒可千日不饮，不可一饮而不醉。""酒可千日不饮，不可一饮而不醉"，

◎ 宋太祖赵匡胤像

这句话的前半部分对爱酒如命的人来说是不可接受的，后半部分则会俘虏好多酒徒的心。将酒比喻成兵，这确实是奇思妙想，酒有时候还确实可以起到兵的作用。

大宋的开国君主太祖赵匡胤就是善用"酒兵"者。他经常以酒为工具，达到自己的政治目的。

熟知历史的人都知道，后周大将赵匡胤是在陈桥兵变中被部将推上皇位，建立大宋朝的。殊不知，陈桥兵变就是赵匡

胤自导自演的一出好戏,而酒则是赵匡胤导演这场兵变的重要道具。

赵匡胤本来是周世宗柴荣手下统领禁军的将领,掌握着后周的军事大权。柴荣是一代雄主,可惜因病而过早地离开了人世。他七岁的儿子在众人的扶持下登上皇位。

柴荣在世的时候,赵匡胤虽然对皇帝宝座垂涎三尺,但慑于柴荣的威势,他也只能将野心隐藏起来。柴荣死后,幼主即位。面对弱主强臣的政治局面,赵匡胤知道,他的机会来了。

一次,他领兵行至开封附近的陈桥驿时,天已经黑了。他就让全军就地扎营休息,自己一个人到中军大帐中自饮自酌起来。喝到兴处,不觉沉沉大醉。他的弟弟赵匡义(赵匡胤即位后,为避讳改名为"赵光义")、心腹赵普等人领着一大帮人冲入他的大帐,将一件黄袍披在他身上。没等赵匡胤反应过来,一干人等就一起跪下来高呼万岁。

赵匡胤在"梦中惊醒",对部下的举动佯作不解,更是装出坚决不同意称帝的架势。但是架不住手下将领的"苦苦哀求",只好"勉为其难"地答应了。

随后,赵匡胤领着大军回到了开封,小皇帝只好乖乖地让位。赵匡胤接受了后周幼主的"禅让"之后,改国号为宋,当上了大宋的开国皇帝。

有宋之前,皇帝服饰的颜色并不一定,多是根据本朝所应五行的颜色来定,比如秦为水德颜色上黑,汉为火德颜色上红等。自陈桥兵变之后,黄袍从此成为皇帝的专有服饰,甚至黄色也成为皇家的专用颜色,臣民不得僭越。

其实赵匡胤并没有喝醉,他的表演只是给世人造成酒后被迫无奈的假象,告诉世人自己并非欺凌幼主篡位夺权,而是"民心所向",以免背上篡位的恶名——这也是历代篡位者惯用的伎俩。酒，则在赵匡胤僭位的过程中起到了重要作用。

醉酒称帝，这是赵匡胤第一次"用酒"。

赵匡胤自己通过陈桥兵变用"黄袍加身"的方式做了皇帝，自然也怕手下的大将们将来也给他们自己使这一招。他认为防止手下将领篡逆的最关键措施是解除他们的军权。于是，在大宋统一之后不久，一出自导自演的"杯酒释兵权"就随之上演了。

这天，赵匡胤将手握兵权的将领石守信、王审琦等召到宫中，准备了盛大的酒宴款待两位将军。君臣开怀畅饮，喝得十分尽兴。酒过三巡之后，赵匡胤突然开腔道："我能有今天，多亏你们的鼎力相助啊，你们的功劳我是永远不会忘掉的。不瞒各位，我最近总是寝食不安，实在是有苦难言啊。"

众人不明白皇帝的意思，都问道："现在天下太平，陛下还有什么可担心的呢？有什么烦心之事不妨讲出来，我们一定给陛下分忧。"赵匡胤说："天下虽大，皇帝却只有一个，谁不想过一下皇帝瘾啊？"

众人一听，大惊失色，连忙叩头道："臣等忠心可鉴日月，绝对没有什么非分的念头啊。"赵匡胤接着说："你们自然不会有这种念头，但你们的部下为了自己的功名富贵硬要你们当皇帝呢，就算你们想不答应，到时候恐怕也难了。"

众人都是明白人，听了皇帝的话马上就明白了。他们当即表态："还是陛下想得深远，我们喝醉了，没有想到这一层。恳求陛下宽大为怀，给我们指一条活路。"赵匡胤一看自己的大臣一点就透，就高兴地说："爱卿们别害怕，光阴似箭，日月如梭，一辈子很快就过去了。你们何不交出兵权，多积田产金银、歌儿舞女，美酒佳人相伴一生，这样不是很好吗？"大臣们连呼皇上圣明。

第二天早上，众将都以年老体衰为由递交了辞职报告，皇帝自然是顺水推舟地恩准了。赵匡胤从此就将兵权牢牢地掌握在了自己手中，终于也可以安枕而眠了。

赵匡胤不愧为"用酒"的高手，他用一顿酒宴就解除了手下将领的兵权。看来酒确实可以成事。在赵匡胤那里，酒的妙用还远不止此。对他来说，酒还可以起到联络感情、笼络人心的作用。

赵普是赵匡胤的重臣，大宋的开国宰相，赵普在历史上还留下了"半部《论语》治天下"的美谈。赵匡胤刚当皇帝的时候，常常微服私访，突然造访大臣的家。赵普这样的重臣回家后都不敢脱下官服，因为他不知道皇帝会什么时候到来。

一个大雪纷飞的晚上，赵普估计皇帝不会出门了，就换上了居家穿的衣服。哪知刚换了衣服，皇帝就驾临了。不一会儿，他的弟弟赵光义也来了。

赵普忙派人备好酒席。席上，赵匡胤、赵光义、赵普三人开怀痛饮，兴致很高。身为皇帝的赵匡胤更是一点架子也没有，甚至还亲切地称呼赵普的妻子为嫂子，并请她一块入席。

这场酒会加深了君臣间的了解，密切了君臣感情。后人根据这个故事改编成了《雪夜访普》的戏剧，明代的皇帝特别喜欢它，经常令人在皇宫中演出。

原来酒还可以用作施恩的工具——这招也正是赵匡胤用得最炉火纯青的一招。

赵匡胤不是个因喝酒而出名的豪士，却是个因善于"用酒"而出名的政治家。赵匡胤不计酒中趣，更在乎酒之用。酒在赵匡胤那里变得不再那么高雅，也和陶冶性情没有了什么关系，而是成了赤裸裸的政治工具。

❧ 酒中三十六计

  若说《三国演义》武将中谁的武艺最好,大家可能莫衷一是;若说谁最爱酒,那非张飞莫属了。

  张飞虽然粗莽,但并不蠢笨,他是个粗中有细的人,他曾经用酒"智欺张郃",为刘备夺取汉中立下了汗马功劳。

  刘备入川之后,按照诸葛亮的计划,接下来就要攻打汉中,以建立进军中原的基地。守汉中的魏将张郃奉命坚守营寨,任凭张飞如何挑战他都坚守不出。这可急死了莽张飞。

◎ 张飞像

  两军相持了差不多两个月,战事成胶着状态。张飞见张郃不出,就心生一计。他命士卒在山前安营扎寨,他自己则每天都喝得醉醺醺的,喝醉后就在山前叫骂。

  刘备听犒军的使者回报,知道张飞整天沉醉于酒中,怕张飞误了大事,就去请教诸葛亮。诸葛亮明白了刘备的忧虑,他对刘备说:"军前没有好酒,成都这里美酒极多,可以用三大车装五十瓮美酒送到张将军阵前,让张将军喝个痛快。"

  刘备对诸葛亮的举动大惑不解,不明白诸葛亮为什么明知张飞贪杯,还要送酒给他。诸葛亮向刘备解释了给张飞送酒的缘故,他认为张飞喝醉酒后旁若无人地骂战,是故意使出的计策。刘备听了诸葛亮的解释方才明了。但他认为张飞是个一勇之夫,不能过于托大,于是让魏延去帮助张飞。

  魏延带着刘备赏赐的美酒来到了张飞营寨,张飞看到美酒大喜,就让帐下的将校们一起痛饮。张郃来山顶观看,发现张飞坐于帐下饮酒,两个小兵在张飞身边表演相扑。张郃认为张飞这么做是在藐视自己,就决定当夜就去劫寨,让蒙头、荡石两个营寨做支援。

张郃乘着月色引军来到张飞寨前,远远地望见张飞还在帐中饮酒。于是大喝一声,引军杀入中军大帐。却见张飞端坐不动,张郃大喜过望,一枪刺倒,却是个草人。张郃知道自己中计了,赶忙要后退的时候张飞杀了出来,两人大战了三五十回合。

张郃盼望蒙头、荡石两个营寨可以来支援自己,哪里想到两个营寨早被魏延、雷铜领兵给攻破了。张郃大败,垂头丧气地引兵投奔瓦口关去了。捷报传到了成都,刘备才知道张飞醉酒果然是计策。

张郃如果一直龟缩不出的话,张飞是很难取胜的。他通过饮酒的方式麻痹和激怒张郃,诱使张郃下山,这一招激将法用得十分巧妙。

《水浒传》中也有一个关于酒的计谋,这就是著名的"智取生辰纲"。

梁中书搜刮了十万贯的财物,准备送给自己的老丈人蔡京当生日礼物。前几年的礼物都被江湖好汉给劫取了,所以这一次梁中书是慎之又慎。几番考较之下,他决定派青面兽杨志押送生辰纲。

杨志是杨家将之后,武艺高强,精明过人,梁中书认为由他押送万无一失。杨志否定了梁中书派兵押送的建议,因为这样做过于招摇。他建议让军汉改扮成生意人,悄悄地将生辰纲送到东京。

以天王晁盖为首的好汉们面对这么强劲的对手,怎样才能虎口夺食呢?有一样神奇的东西可以帮他们,那就是酒。

押送生辰纲的杨志一行人来到黄泥岗时，正是炎热的夏天。众人连日跋涉，早是饥渴难当。在众人的央告之下，杨志只得下令在黄泥岗树林里休息。晁盖等人按照智多星吴用的计策，扮成了卖枣子的客人也来到这片树林，等着鱼儿上钩。

这时白日鼠白胜挑着酒来了，押送的军汉都想买酒吃。杨志感觉事情有异，驳回了众军汉的请求并怒斥了他们。并告诫他们，酒中可能下了蒙汗药。白胜闻言佯作大怒，对杨志反唇相讥。

◎ 青面兽杨志（戴敦邦绘）

这时，晁盖等人见机也过来买酒吃，白胜装作怒气不息，死活不卖。晁盖等人死说活劝，白胜拗不过众人，只好将一桶酒卖给了他们。

他们就着枣子喝酒，喝得津津有味，还故意馋杨志众人。众军汉十分眼馋，心中更加饥渴难耐，再三央告，杨志见晁盖他们喝酒之后并无大碍，也只好同意了。白胜却假装生气，说什么也不肯卖给他们。军汉们再三赔罪，晁盖等人也在一旁说好话，白胜才"勉强答应"了。

这时赤发鬼刘唐想趁着白胜不注意偷一瓢酒喝，被白胜发现，白胜一把夺过瓢，扔回了酒桶里。

军汉们筹钱买了酒，也请杨志一块喝。杨志见晁盖他们

◎ 白日鼠白胜（戴敦邦绘）

并没事，也放心喝了起来。不料几口下肚，杨志连同押送生辰纲的军汉们全被麻翻在地，十万贯生辰纲也就成了晁盖七人的囊中之物。

原来，白日鼠白胜所挑的酒中并无蒙汗药，药是刘唐在佯装偷酒的时候，下在饮酒所用瓢中的，这一招真是神不知鬼不觉。武艺高强、精明过人的杨志最后还是因为酒而着了道，丢失了生辰纲，最后也只能落草为寇去了。

"智取生辰纲"是《水浒传》中的经典桥段。通过这件事，吴用充分展示了自己的聪明才智，"智多星"的名头也一炮打响。"智取生辰纲"中的"智"是通过酒表现出来的，这说明酒也能成事；当然对于杨志等人来说，就是酒能坏事了。可见，败事还是成事，并不在酒本身，而在于使用它的人。

第二节 酒可表德

俗话说，"凡事有利必有弊"。酒也是如此，酒可以成事的同时也可以丧德，因为酗酒而败事甚至丧生的例子比比皆是。宋代人陈普在《禁酒》中说："几人捐躯乞鲛鳄，几家荡析无城郭。"描写的正是纵酒之祸；明末清初的大思想家顾炎武认为"酒之祸烈于火"……这些都是对历史教训的精辟总结，值得后人反思。

醉生梦死的帝王

禹传子，家天下，从此中国进入了奴隶社会。启是大禹的儿子，是中国历史上第一个王朝——夏的建立者。不仅如此，他也可以说是中国历史上最早的嗜酒如命的君主。启的这一习惯被他后世的继承者所承袭，夏朝后来的君主太康、寒浞等好酒的程度一点都不比启差。

夏代嗜酒最有名的王要算是桀了。传说，桀用大池子盛酒，酒糟堆积得比山还高。他不仅自己嗜酒如命，还喜欢看别人酒醉。他曾命令三千多人俯身到酒池中，像牛一样饮酒。他自己则坐在用宝玉装饰的华丽楼台上观看，有许多人甚至醉死在了酒池中。

夏桀荒淫的行径当然远不止此，百姓也生活在水深火热之中。他常自比为太阳，百姓们听说后愤怒地说，"时日曷丧，予及汝偕亡"，宁可与他同归于尽。

夏桀后来被商朝的开国君主汤给打败了，他自己也在逃到南方后不久，就呜呼哀哉了。

◎《封神演义》书影

夏桀可以说是第一位因为酒而亡国的君主，但他绝不是最后一个。

商朝建立后,大多数君主还是比较清明的。直到最后一个君主帝辛,也就是商纣王继位,又一位酒色之徒诞生了。

纣王和夏桀一样,也是历史上著名的暴君。明代小说《封神演义》曾对他的暴行有详细的描写,虽然是小说家言,但所说事体大致有据可依。且不说其他,仅与酒有关的暴行就足够骇人听闻了:

商纣王让人在摘星楼下挖掘了两个大池子,右边的池子盛满美酒,叫作"酒海";左边的池子用酒糟堆积成山,在山上插满树枝,并在上面悬挂上肉片,叫作"肉林"。"酒池肉林"这个典故就是起源于这儿。

据记载,纣王的酒池大到可以在里面行船的地步。光有酒池还远远不能满足他的欲望,他还在都城朝歌(今河南淇县)以北到邯郸以南的路上修建了许多行宫,这些行宫专门供他喝酒享乐之用。

商纣王日夜与不穿衣服的男男女女在酒池肉林间嬉戏,他还给这种娱乐方式起了个文雅的名字"醉乐"。

商纣王在喝酒方面"打持久战"的能力很强——甚至可以连喝七天七夜。纣王如此昏庸,百姓的日子自然不好过。后来武王伐纣,带领诸侯攻入朝歌,商纣王自焚而死。姜太公在讨伐纣王时列举了他的十大罪状,其中三条与酒相关:沉迷酒色、建造酒池、酗酒淫乐。

夏桀、商纣后来成了暴君的代名词。后世的大臣劝谏君主酗酒的时候,往往会举桀纣的例子。

春秋末年的晋国大夫赵襄子特别喜欢喝酒,一次曾连续喝了五天五夜。他对身边的人说:"我真是位豪杰啊,喝了五天五夜的酒却一点也不觉得身体有什么不适。"这时有位叫作"莫"的优伶说:"您应该再接再厉啊。商纣王喝酒连续喝了七天七夜,您现在还差两天就可以和纣王一样了。"

赵襄子听后很害怕,说:"这么说我马上要灭亡了吗?"优伶说:"不会灭亡。"他接着解释道:"夏桀的灭亡是因为他遇到了商汤,商纣的灭亡是因为他遇到了周武王。现在天下的君主都和当年的夏桀差不多,而您和纣王差不多。夏桀与商纣生活在同一个时代,怎么能够让对方灭亡呢?但是也危险得很。"赵襄子从此就对饮酒节制了不少。

优伶在劝谏赵襄子的时候举了桀纣的例子,可见这两个昏君饮酒的名声实在是太大了,他们的事迹,在后人的眼中成了典型的反面教材。然而,酒的魔力实在匪夷所思,尽管有桀纣这样的反面典型,后世因酗酒而败事亡身的君主还是"前赴后继"。

两晋南北朝时期,中国北方先后出现了十六个由少数民族建立的政权,历史学家将他们统称为"十六国"。十六国的统治者大都是酒色之徒,前秦的苻生是最为典型的一位。

《晋书》对他的记载是:"残虐滋甚,耽湎于酒,无复昼夜,群臣朔望朝谒,罕有见者。"大臣都见不到皇帝的面,国事是什么样子就可想而知了。苻生性格怪异,喜怒无常,大臣们面对他的时候总是如履薄冰。

有一次,苻生在宫殿中大宴群臣。监酒官向群臣传达皇帝命令:一定要一醉方休,不醉不归。

苻生看着大臣们喝酒,心情不错,在乐工的伴奏下唱起了歌。刚开始的时候,监酒官一直劝酒,生怕有人喝得不尽兴,会遭到皇帝的处罚。哪知喝到酒酣耳热之后,大家的醉意都上来了,很多人早已将宫中礼仪抛之脑后,手舞足蹈起来。

监酒官见此情状,怕有人喝醉后闹事,就不再怎么向大家劝酒了,酒宴的气氛也不像先前那么热烈了。不料监酒官好心的举动惹恼了皇帝,他问监酒官为什么有的大臣还没有喝醉。说着弯弓搭箭,一箭就把监酒官给射死了。

众人见了魂不附体,一个个拼了命地争夺酒壶、酒杯,使劲地往喉咙里灌酒。不一会儿,就都衣冠不整地大吐起来。苻生看后心情大好,接连喝了数杯酒,大醉着回寝宫了。看到别人痛苦自己却觉得开心,这是典型地将自己的快乐建立在别人的痛苦之上的变态心理。

末代之君没有不爱酒的,陈叔宝就是一个典型的例子。

他每次喝酒,都让嫔妃坐在自己的周围,众多学士一起饮酒赋诗。文采特别突出的就会被谱上曲子,选一

◎ 阎立本《历代帝王图》之陈后主像

千多个宫女演唱。被后世称为亡国之音的《玉树后庭花》就是他们的代表作。

陈叔宝国破家亡当了阶下囚后,仍然爱酒如命,在监狱里面还日夜饮酒,醉的时候多醒的时候少。据说陈叔宝与他身边的人一天就要喝一石酒。隋文帝听后大惊,觉得陈叔宝应该节饮。过了不久,隋文帝说:"算了吧,不让他喝酒的话,他的日子该怎么过呢!"

"地下若逢陈后主,岂宜重问后庭花",这是唐代大诗人李商隐的咏史名句,他的意思是说:隋炀帝你到地下见了陈后

主，难道要向他讨教《玉树后庭花》吗？杨广领兵灭陈，他是见过陈叔宝的，两人最后也走上了同样的道路。陈叔宝创作了《玉树后庭花》，隋炀帝留下了《春江花月夜》，两人在嗜酒上也如出一辙。历史有时候真是惊人的相似。

隋炀帝曾命人制作过行酒船。船上有五个二尺高的木头人，一人举着酒杯，一人捧着酒钵，一人乘船，两人划桨。客人环绕水池而坐，小船沿着水池漂流，每到一个客人面前就会停下。客人取过酒杯饮酒，饮完后将杯子还给木人，木人接过空杯后，会到酒钵下面重新接满酒，然后酒船继续行驶。可惜这件精巧的物件并没有流传下来。

◎ 《隋炀帝集》书影

47

公元 613 年，天下大势已经岌岌可危。隋炀帝还是整日与妃子们饮酒作乐，他对身边的萧皇后说："现在好多人都想推翻我，就算别人当了皇帝，我不失为长城公（陈叔宝亡国后的封号），你不失为沈后（陈叔宝的妃子）就好。咱们还是不要管那么多，喝酒取乐吧。"结果公元 618 年，隋炀帝被部下勒死，终年五十岁。他长城公的幻想也随着绞索的勒紧彻底破灭了。

因为好酒而荒废朝政，最终国破家亡的帝王绝不仅仅这几个。当然，一个王朝的灭亡有着复杂的原因，将原因全部归结到酒上是不科学的。但当权者的饮酒误国，确确实实起到了加快国家灭亡的作用。

✿ 因酒误事的将军

子反是春秋时期一位因饮酒丧命的将军。他姓芈（mǐ），名侧，字子反，春秋时期楚国的司马。

公元前575年，楚国大举征伐晋国，两军战于鄢（yān）陵。战局刚开始就对楚国不利，楚共王被晋军射瞎了一只眼睛。楚国士兵一看国君受伤，军心大乱。

为了挽救败局，楚军准备再次发起攻击。楚共王找子反商量军机大事，这时子反却已经喝得大醉不省人事了。楚王感叹道："这是老天要灭亡我啊。"无奈之下，只好领兵撤退了。他派人对子反说，鄢陵之败都是国君一个人的过错。这自然是反话，实际上已经将战败归罪于子反的酗酒了。

子反听后非常惭愧，就自杀谢罪了。

要说起三国时期最著名的因酒误事之人，非西蜀三将军张飞莫属。

刘备暂领徐州牧之后，曹操生怕刘备会成气候，就定下了"驱虎吞狼"之计，让吕布和刘备互相残杀。这时候正好袁术在淮南称帝，曹操就借此机会借献帝的名义命刘备出兵讨伐袁术。

刘备领兵在外，要留一个人守徐州。关羽稳重且有将略，但刘备身边离不开他。刘备身边又人才匮乏，只好让张飞守徐州。

刘备让张飞守徐州是不情愿之举，因为他深知张飞性如烈火、爱酒如命的性格，怕张飞会因酒误事。张飞承诺在守城期间不再喝酒，刘备这才稍稍放了些心。

谁知刘备、关羽走后的当晚，张飞就请徐州城里的大小官员饮酒，说是要请大家喝最后一次，以后专心守城再也不喝了，而且命令众人一定要喝得尽兴。

其他官员都能勉强饮，唯独曹豹不喝。张飞深感不悦，曹豹解释说自己天生不会饮酒。张飞并不信，强令曹豹必须喝。曹豹没有办法只能勉强喝了一杯。这一下可坏了事，一杯下肚，张飞就命他喝第二杯。曹豹苦苦哀求，最后求张飞看在女婿吕布的份上手下留情。

他却忘了，张飞平生最恨的人就是吕布。曹豹不提吕布还好，一提起他，张飞就来气了，命人狠狠地打了曹豹一顿。一边打还一边骂，说打了吕布的丈人就等于打了吕布。

曹豹受到如此侮辱，怎会善罢甘休。当晚就偷偷地去向吕布报信，两人约好里应外合拿下徐州。吕布的大军打进徐州城的时候，张飞还在醉梦中，抵挡不得。只好带着几个亲随逃走了，徐州城及刘备的家眷都落在了吕布手中。

张飞逃到刘备大营后，见到刘备、关羽愧悔无地。关羽抱怨了他几句，张飞拔剑就要自杀。刘备连哭带劝，好不容易才制止了他。

刘备半生颠沛流离，好不容易找了个根据地，又让张飞因为醉酒给弄丢了。

吃了这次大亏，张飞却是没长多少记性。后来，刘备入主两川，留关羽守荆襄。关羽生性骄傲，中了吕蒙的计，丧身失地。关羽死后，张飞悲痛欲绝，天天呼酒买醉，借此缓解痛苦。

在张飞的劝说下，刘备决定向东吴复仇。张飞离开成都时，刘备一再叮嘱他要少喝酒，因为张飞喜欢酒后鞭打士卒，并且还将这些士卒留在身边，这早晚会给他带来杀身之祸。张飞嘴上是答应了。

回到阆中后，张飞下令军中三日内置办好白旗白甲，准备挂孝伐吴。因为期限太短,负责备办旗甲的范疆、张达实在准备不出那么多的白旗白甲,请求张飞宽限几日。张飞听后大怒,令人将两人绑在树上,给每人狠狠地抽了五十鞭子。打完后,张飞严令二人必须完成任务,否则就斩首示众。

两人心中憋了一肚子怨气,况且三天之内实在置办不出那么多旗甲,既然早晚是死,不如冒死行险。于是两人决定先下手为强,杀掉张飞。二人知道张飞勇猛无敌,自己根本不是对手,就决定趁张飞酒醉后行事。

当晚张飞心中郁闷,让人拿酒来与部将痛饮,不知不觉又喝醉了。范疆、张达二人探知消息,当晚就潜入张飞帐中,将他刺杀了。可怜张飞英雄一世,没死在疆场上,却死于小人之手。

真是知弟莫若兄,刘备的担心真的变成了现实,张飞果然最终还是死在了酒上。

有人称酒为"穿肠毒药",有人称酒为"忘忧物"。其实酒承受不住人们加给它的罪名和赞誉,无论是成事还是败事,最终起决定作用的还是人自己。

第三节 酒风酒俗

喝酒并不是简单地把酒往肚子里倒,而是有许多规矩的。只有按照这些规矩喝,才算是真正懂得喝酒。中国历史悠久,留下来的酒风酒俗也林林总总。

🐚 每逢佳节倍思饮

有人说,人只要有喝酒的欲望就可以喝酒,但这种饮酒没有文化意义,只有当酒与民族的风俗文化结合在一起的时候,酒的文化含义才被凸显出来。中国传统节日众多,每个节日都须饮酒,但饮酒的名目不同,其中的文化含义也就不同。

春节是中华民族最重要的节日。每到春节,儿女们都要回到父母身边,全家人聚在一起,共享天伦之乐——当然喝酒也是少不了的。

春节在西周时期已经有了雏形。只不过那时的春节是在周历十月,而不是一月,礼节上却很有相似之处。

西汉时期的春节已经和今天很相像了。按以前的风俗,除夕这天要饮椒花酒。东汉时期的文献《四民时令》中说:"(除夕)祀祖祢毕,子孙各上椒花酒于家长,称觞举寿。"除夕这天之所以要饮椒花酒是因为冬天喝了它可以暖胃。除夕夜儿女向父母敬酒的习俗一直流传到今天,只不过敬的不再是椒花酒。酒的名称虽然不同,但里面包含的对父母的关爱却是相同的。

到了南朝的时候,除夕开始饮屠苏酒来避邪。据说这种酒是东汉神医华佗发明的,它的制作方法是:把大黄、乌头、白术、桂心等中药材装在三角形的绛囊里,将绛囊在除夕夜悬于井水中,大年初一的时候取出和酒一起煮,这种酒就叫作屠苏酒。酒喝完后,药渣也不能随便丢弃,而要投进水中,以后喝这样的水就不会生病了。

关于屠苏酒名字的来历说法颇多,有一种说法认为"屠"

◎ 华佗像

的意思是割,"苏"则是指一种药草,割了药草来泡酒,酒的名字就叫"屠苏"了。

唐朝人韩鄂的《岁华纪丽》给出了另一种说法:屠苏是一间茅草屋的名字。据说古时候这个茅草屋里有一位神医,每到大年夜他就给附近的人送一包草药,嘱咐他们将药用布袋缝好后投入井中,到元旦那天汲取井里的水和着酒每人饮一杯,这样一年都不会得瘟疫。人们得到了这个药方,却不知道神医的名字,只好用神医居住的茅草屋的名字命名这种药酒。还有资料说这名神医就是"药王"孙思邈。

还有一种说法认为"屠"是屠杀的意思,"苏"是一种散布瘟疫的鬼魅,这种酒可以屠杀鬼魅,所以就叫"屠苏酒"了。

屠苏酒经常出现于文人的笔下,如王安石《元日》中的"爆竹声中一岁除,春风送暖入屠苏",陆游《除夜雪》中的"半盏屠苏犹未举,灯前小草写桃符",等等。

在酒桌上,通常都是老年人先开始,然后才是年轻人,这是中华民族敬老的传统。屠苏酒的饮用却正好相反:从最年少的喝起,老年人最后喝。《玉烛宝典》对此的解释是:"少者得岁,故贺之;老者失岁,故罚之。"小孩长大了一岁,更成熟了,这是应该庆贺的事情;老人增加了一岁,离黄泉路又近了一步,所以要罚酒。

苏辙的《除日》诗中有这样的句子:"年年最后饮屠苏,不觉年来七十余。"这里说的就是这种风俗。他还在《除夜野宿常州城外》诗中说:"但把穷愁博长健,不辞最后饮屠苏。"苏轼晚年虽然穷困潦倒,但精神却很乐观,他认为只要身体健康,虽然年老也不必在意,最后罚饮屠苏酒自然不必推辞。

◎ 王安石像

这种饮酒的习惯一直延续到清代,只是到了现代,知道的人就不多了。

中国是一个农业大国,农业自古至今都是中国国民经济的基础。社是指掌管土地的神灵,这个神灵特别受农民的爱戴,人们专门为它设立了一个节日——社日。社日分为春社和秋社,时间分别是春分、秋分前后。

春社较之秋社更为人们所重视,人们在年前就准备好祭神、宴客用的美酒。社日那天,农民们祭神之后聚在一起开怀畅饮,十分快乐。杜甫诗云:"田翁逼社日,邀我尝春酒。叫妇开大瓶,盆中为我取。"在社日这天,老翁邀请杜甫喝酒,本来爱酒的杜甫自然开心得很,尽欢而散,后来还专门写了这首诗记载社日饮酒这件事。

鹅湖山下稻粱肥,豚栅鸡栖半掩扉。桑柘影斜春社散,家家扶得醉人归。

这首诗是唐代诗人王驾的《社日》,它的大意是:鹅湖山下的庄稼长势喜人,家家户户猪满圈、鸡成群。等到桑树、柘

◎ 书法：王驾真迹《社日》

树的影子变长的时候，春社的欢宴才渐渐结束。喝得醉醺醺的农人在家人的搀扶下回家了。

社日宴饮有时候会持续好多天，这是村民们十分难得的放松的日子。陆游《春社》诗："社肉如林社酒浓，乡邻罗拜祝年丰。"可见，社日的一个重要环节是百姓向神灵祈祷，保佑有好的收成，这反映了农民的美好愿望。

上巳节，又称元巳节、修禊节。最初在每年农历三月的第一个巳日，后来为了便于记忆，自魏晋时起，人们便将它固定在每年农历的三月初三。

魏晋时期，文人们经常在水边举行宴饮活动，晋代有了一种叫作"曲水流觞"的饮酒方法。众人坐在流水旁边，将装着酒的酒杯放在水面上，任酒杯顺水流之力漂流，杯子停在谁那儿，谁就要将杯中的酒一饮而尽并作诗一首，否则就会被罚酒三杯。

历史上最有名的一次"曲水流觞"，莫过于王羲之、谢安、支遁等人参加的兰亭会了。大家饮酒赋诗，谈玄论道，快乐异常。会上，王羲之挥毫泼墨，趁醉而书，创作了被后人誉为"天下第一行书"的《兰亭集序》。这也使得"修禊"这个节日被后人所牢记。

农历五月五日是端午节，这是中国非常重要的传统节日，这个节日是为了纪念大诗人屈原。

在古代，中原地区把五月五日认为是不祥的日子，人们相信喝菖蒲酒可以祛除不祥。菖蒲是一种名贵的药材，对治疗

◎ 书法：冯承素真迹《兰亭集序》

风寒、胃病等疾病有很好的疗效。饮菖蒲酒有利于增强身体的免疫力。

从明代开始，端午节又有了饮雄黄酒的传统。白酒浸泡雄黄，再加上几块白矾，酒挥发完之后，雄黄矾就产生了，它可以用来消毒灭菌。此外，雄黄还可以防毒虫，所以《白蛇传》中才出现了白娘子饮了雄黄酒后现原形的情节。

端午节除了菖蒲酒、雄黄酒之外，古人还喝蟾蜍酒和夜合酒。蟾蜍长得虽然难看，却有大用，它有辟毒、壮阳的作用。夜合酒是用夜合花泡制而成的，夜合花有安神的作用，端午节喝夜合酒可以防治失眠。

农历九月九日是重阳佳节，古人认为九是阳数，日月都逢九，所以称为重阳。西汉时期，重阳节就已经形成了，并且产生了登高、喝菊花酒、佩戴茱萸等风俗。

菊花酒，顾名思义自然是用菊花酿制而成的酒。汉代人每到菊花含苞待放的时候，都要采集菊花，用它与粮食一起酿酒，等到来年重阳节的时候拿出来喝。

"采菊东篱下，悠然见南山"，这是陶渊明的千古佳句，从此菊花就成了高雅的象征。重阳佳节，三五好友一起登高饮菊花酒，诵陶渊明的佳句，不亦快哉！

酒与节日结合在了一起，这样才能体现出酒的文化含义。

🌀 异样酒俗韵味多

祭祀在古代是国家的头等大事,它关系着国家的祸福和兴衰,有着非同一般的意义。在祭祀之后,我们有一个传统,那就是必须以酒酹地,如果祭祀的是江河湖海,就要将酒洒入水中。经过了酹酒后,祭祀的人才可以喝,否则就是对神灵的不敬。现在吃年夜饭的时候,农村的家庭还有酹酒的习俗,不过只是将酒泼洒在地上而已。

在古代,酹酒有一定的规定,不是简单地将酒泼洒就算完事了。酹酒时必须心存恭敬严肃之意,口中默默地念着对神灵或祖先要说的话。通常是先将酒洒出三个点,最后将杯中剩下的酒洒成一个半圆形。留在地上的

◎ 管仲像

酒迹必须是一个"心"字形,这也就是农村人常说的"心到神知"的意思。

"洞房花烛夜",这是一个人人生中的头等大事,洞房之夜新婚夫妇要饮合卺(jǐn)酒。合卺就是用一只葫芦剖成的两只瓢盛酒,新人各用一只瓢里面的酒漱口,表示永结同心的意思。后世逐渐变成了用酒杯喝交杯酒、合欢酒,其中的含义却没有变。

经常参加酒会的人都知道,迟到者要被罚酒,这一传统起源很早,这种习俗早在春秋时期就有了。

有一次,齐桓公大宴群臣,规定迟到者都要罚酒一大经程(指一种容量很大的酒器)。相国管仲迟到,被罚了一经程酒,管仲的酒量有限,只喝了一半,把另一半倒掉了。管仲说一经程的酒实在喝不下去,与其喝醉了发酒疯触犯刑律,还不如喝一半就认罚。

历史上这种例子还有很多,裴弘泰罚酒就是很有名的一个。

唐代的裴均曾经做过荆南节度使。裴弘泰是他的侄子,在他手下当一个管理驿站的官员。一天,裴均遍发请柬,大宴宾客,负责发请柬的人不小心把裴弘泰给漏掉了。

酒宴已经开始很久了,裴弘泰才得到消息,匆匆忙忙地赶过来。裴均看到自己的侄子来晚了很不高兴,就命裴弘泰自己罚酒。

裴弘泰解释了自己来晚的原因,他同意罚酒,但提出了一个特殊要求:他要求将酒席上的银酒器全部斟满酒,他能喝多少就要把喝过酒的酒器送给他。酒席上的人都为裴弘泰叫好,裴均也同意了。

结果裴弘泰不一会儿就将酒席上小酒杯里的酒都喝尽了。按照约定,他把酒器都放进怀中,不一会儿怀里就满了。席上有一个大银海(一种盛酒的器皿),能够装一斗多酒,里面的酒满满的,裴弘泰捧起银海就喝,一口气就喝光了里面的酒。喝完酒后,他将银海放在地上,自己用脚踏扁,放进怀里就离开了酒席,骑马回驿站去了。裴均看到侄子带走了那么多金银酒器,有点舍不得,脸上露出了不高兴的神色。

酒席散后,裴均开始担心起自己的侄子来,怕裴弘泰喝了这么多的酒会伤身体。傍晚,他派人去看一下裴弘泰喝完酒后在干什么。出乎意料的是,使者见裴弘泰坐在驿站里正让人称金银酒器的重量呢,总共有二百多两。裴均听了使者的回报,忍不住开怀大笑。

裴弘泰罚酒却获得了许多金银,真是塞翁失马焉知非福啊。

干杯是喝酒的人都熟悉的,这种习俗在两千多年前的春秋时期就有了。东汉王符的《潜夫论》中有"引满传空"的说法,这和现在的喝光了酒后将酒杯递给同桌的人看是一个意思。

中国古人称干杯为"釂",君臣之间喝酒也要干杯。魏文侯同自己手下的大夫喝酒时规定"不釂者浮以大白",意思是喝酒的时候不喝干的要罚一大杯酒。魏文侯这样定下了规矩,结果他自己被罚了一大杯酒,这也可以说是作茧自缚了。

明代杨君谦还在《苏谈》中记载了苏州地区的饮酒规矩:"杯中余沥,有一滴,则罚一杯。"这种规矩在现在的酒场上仍然在用。

西方国家酒桌上也有干杯的传统,但他们的解释与我们不同。一种说法是这起源于古罗马的角斗士。角斗士在角斗前都会喝上一杯酒,以表示他们一往无前、拼死一争的决心。喝酒的时候由于怕酒中有毒,角斗的双方会碰杯,这样酒就会溅到对方的酒杯中互相掺和,表示酒中无毒。还有一种说法起源于古希腊,喝酒的时候口可以品味,鼻可以闻香,眼可以观色,唯独耳朵是空闲的,碰杯就是为了让耳朵可以听到声音。

碰杯也有讲究,客人对主人、晚辈对长辈,前者要把酒杯举得低一些,碰杯的时候杯子要比对方的矮一点,否则就是失礼的行为。

参加宴席的人并不是所有的人都会喝酒,这时候人们经常会"以茶代酒",这个习俗起源于三国时期的吴国的末代君主孙皓。

孙皓是个酒徒,他沉湎于酒宴,经常长醉不醒。每次酒宴他都强迫公卿们必须喝得大醉,之后再让侍臣捉弄他们。不仅如此,孙皓还设立了十个黄门郎,专门检查百官酒后的过失,酒宴之后,黄门郎会将大臣们的一言一行如实禀告。因此,大臣们每次参加他的酒宴都战战兢兢,回家后都觉得像从地狱边上走了一圈。

孙皓的酒宴还有个规矩:不论会不会喝,能不能喝,每个人必须喝七升酒。这个规矩可难为死了酒量小的人,许多大臣只好皱着眉头喝,直到喝得吐出来。大臣中有个人叫韦曜,他的酒量只有二升,但他是孙皓的父亲孙和的老师,所以皇帝对他格外的开恩,韦曜喝不动了皇帝就让人给他悄悄换上茶,这样就不至于因为喝不下酒而难堪。

这就是以茶代酒的来历,现在酒场上可以代酒的不仅仅是茶,还可以用果汁等其他饮料。在酒席上男同志喝酒、女同志喝饮料,这是很常见的搭配方式。

第四节 文明饮酒

做个周到的主人

主人在宴席上,必须热心周到地款待客人,保证客人们吃好喝好,让客人们有宾至如归的感觉。对于特别能喝酒的客人,主人必须时刻在意,既要让他们喝得高兴,又不能让他们喝过量。请客吃饭本来是为了和朋友们交流感情,如果有人在酒席上喝醉了,甚至胡言乱语地乱发酒疯,这样不仅达不到请客吃饭的目的,还会带来相反的效果。

喝过一次酒后,泛泛之交变成了挚友,这有可能;喝过一次酒后,挚友变成了仇人,也不是不可能。所以,酒宴上的主人一定要周到细致,照顾好每一个客人的感受,让酒宴成为加深感情的工具,而非损害感情的杀手。

主人可以饮酒的话,一定要陪喜欢喝酒的客人开怀畅饮,但不能强迫不能喝酒的客人喝酒,也不能强迫酒量小的客人多喝,这些都是失礼的行为。现在酒场上流行"感情深,一口闷;感情浅,舔一舔;感情铁,喝出血"等劝酒词,这些都是应该反思的东西。一个文明、周到的酒会主人,一定要杜绝这些不文明的行为。

"石崇斗富"的典故让他在历史上大有名气,他与绿珠的爱情也是后人吟咏的对象。但石崇却不是一个好的酒会主人,他在酒会上的表现就让人厌恶。《世说新语》中有一个关于他设酒宴招待客人的故事。

石崇每次请朋友喝酒,都要让家里的美人劝酒。如果客人没有喝尽杯中的酒,他就令军士将劝酒的美人杀掉。

宰相王导、大将军王敦曾是石崇酒席上的座上宾。王导不善喝酒,但因为不干杯的话就会有美人丧命,只能硬着头皮喝。轮到王敦喝酒的时候,王敦故意不

◎王导像

喝,他想看看石崇的反应。石崇果然令人将劝酒的美人杀掉了,再换另一位美人劝酒,王敦还是坚决不喝,这样一连杀了三个美人,王敦仍然面色不变,就是不肯喝酒。

王导是个心比较软的人,他不忍心看着美人一个个地丧命,就责怪王敦,王敦冷冷地说道:"他杀他自己家里的人,关我们什么事!"

石崇为炫耀权势而肆意践踏人的生命,其行为已经不是正常人所能容忍的了。后来他被身送东市,开刀问斩,也可以说是罪有应得。

"壮怀犹见缺壶歌",这是元好问《论诗绝句》里面的名句,里面典故就来源于王敦。

《世说新语》是这样记载这件事的:王敦每到喝醉酒的时候,就一边用铁如意敲击酒壶,一边高声吟诵曹操"老骥伏枥,志在千里;烈士暮年,壮心不已"的句子。吟到兴处,想起自己年事已迈,不由得潸然泪下。

共和国开国元勋中也有一位海量的酒会主人,那就是骁将许世友。许世友年轻时曾在少林寺习武。因此他一身武人豪气,性情刚烈,犹喜豪饮。

他请人喝酒时,经常在桌子上摆一个大空碗,客人剩下一滴酒就要被罚酒一大碗。他还经常让自己的卫兵持枪立在身后,充当古代监酒官的角色。谁喝酒喝得不爽快,就罚谁的酒。罚酒不喝的话,他就让卫兵强灌。许多人听到许世友要请喝酒,都感觉自己是在上刑场。许将军后来接受了周总理的批评,改掉了这种不文明行为。他也算是一位知错能改的好汉子。

酒酣耳热后,客人难免有举止失礼的地方,酒席的主人一定要有宽广的胸怀,不要斤斤计较,更不能当场给客人难堪,因为挚友与仇人之间的转换往往是在一念之间的。

酒会主人如果是位高权重的领导，客人们又都是他的下属的时候，主人更应该有宽广的胸怀，正所谓"**大肚能容，容天下难容之事**"。春秋时期的楚庄王就是这方面的模范。

楚庄王是春秋五霸之一。有一次他大宴群臣，大家直喝到日落西山。楚庄王正在兴头上，不同意罢宴，又点起灯来继续喝，来了个"**秉烛夜饮**"。

突然，天空中刮起了一阵大风，将灯烛给吹灭了。这时，一个喝得半醉的将军突然拉住了一位妃子的衣服。妃子大惊，摸着将军的头盔，将上面的盔缨拽了下来。妃子这么做是为了留下这位将军的犯罪证据，等到酒席结束后好告状。

然后，这位妃子悄悄对楚庄王说："大王，有人想趁黑调戏我，我将他的盔缨给拽断了。请一会儿点上灯后看谁的头盔上没有帽缨，就向他问罪！"楚庄王说："我今天请大家喝酒，有的人在酒席上喝醉了，就算有点失礼的行为也不能怪罪。我不能为了你而伤害我的大臣。"

之后，楚庄王对群臣说："大家都把盔缨摘掉吧，这样才喝得痛快。"参加酒席的一百多人都把盔缨摘掉了。然后点起灯，君臣们继续喝酒，直喝到尽欢才散。

三年后楚国与晋国大战，有位将军总是奋不顾身地冲在最前面。楚庄王问他："我平时并没有怎么优待你，你为什么这么的舍生忘死呢？"原来这位将军就是那位被折断盔缨的人。

人喝醉了酒后，难免会做出些失礼的举动，楚庄王是很理解这点的。他不仅没有怪罪对自己妃子无礼的人，还想方设法保全了那个人的面子。楚庄王的大度也让他自己获益匪浅，换来了一颗忠心。

酒会主人要有度量,这并不是说要丧失掉原则,对客人的任何失礼行为都要宽容。如果客人在酒会上有太过分的举动,一个合格的主人就必须加以制止,这也是对其他客人的尊重。

🎑 当个懂礼的客人

在现实生活中,人们常常利用酒宴联络感情、增进团结。这就要求我们一定要熟知酒场上的礼节。如果不注意礼节,导致的后果就往往会违背聚会的初衷。不仅平常人是如此,好酒的人更应该懂礼,因为酒本来就是用来成礼的。一个会喝酒的人,首先应该是一个懂礼的人。

去参加酒会,迟到自然是失礼的,去得太早也不好。最好能在酒席开始前不久到,这样才是最合理的,同时也能体现出客人对主人的尊重。

入席前一定要分清座位的先后,年长德高的坐尊位,年轻人坐卑位。如果次序颠倒,就会被人笑话。

在古代这种规定更加严格,宴饮的座席有明确的规定:君王要坐尊位,臣子们不能直面君王,只能坐在侧面。据清代学者顾炎武考证,中国古代的座次以东为尊。最尊贵的座位是屋里西墙附近的,喝酒的人面向东坐;其次是坐在北边,面向南方的座位;再其次是坐在南边,面向北方的座位;坐在东边,面向西方的座位是最卑的。

这种座次在《史记·项羽本纪》中的鸿门宴中体现得很明显:

项羽是胜利者,项伯是项羽的叔父,他们两个面朝东坐;范增是项羽的谋士,他面朝南坐;刘邦是一方势力的领导,他面朝北坐；张良是刘邦的手下，只能坐在了最卑微的位置上了。

这种座次顺序在现代仍然适用。参加酒会的人一定要注意，根据自己的身份选择适合自己的座位。

客人酒席上的最大礼节是饮酒不过量，最大的失礼是在酒席上喝醉，这一点在《诗经》中就已经体现得很明白了。

现在喝酒，刚开始就要先喝三杯，其实是违背了礼节的。《礼记》说："君子之饮酒也，一爵而色温如也，二爵而言言斯，三爵而油油以退。"这句话是说，喝一爵酒的时候，人面不改色，喝两爵的时候，话就多了起来，喝完了三爵，那就该离席了，否则就容易酒后失德。《礼记》中的规定是让人最多喝三爵，现在变成了喝酒的时候最少喝三杯，两者已经有天壤之别了。

饮酒过量，不但对身体一点好处没有，对于修身更是无异于戕贼。古代的许多人都有过精辟的论述。孟子云："乐酒无厌，谓之亡。"无节制地饮酒，绝对不利身心。元代的忽思慧说："多饮伤神损寿，易人本性，其毒甚也。"这些都是至理名言。

邵雍，字尧夫，他是北宋时期的著名哲学家，自号"安乐先生"，将自己的书斋命名为"安乐窝"。虽名安乐，邵雍却从不耽于安乐。邵雍喝酒只喝三四瓯，有些醉意的时候就不喝了，喝醉更是没有的事。

岳飞是抗金名将，他年轻的时候"豪于饮"。因为饮酒过量而有过失，高宗赵构及他的母亲都让他戒酒。他听从了劝告，断然戒酒，并立下豪言壮语："直捣黄龙府，与诸君痛饮耳！"之后屡立奇功，成为一代名将。

这两位先贤的例子，的确值得酗酒者们效法。

在酒席上，人一定要谨言慎行，否则会给人带来意想不到的伤害，有时候这种伤害是灾难性的。

《梁书》上有一个因为酒席上的一句话送掉三条人命的故事。

邵陵人王纶镇守郢州，江苏吴兴的吴规是他的下属。湘州知府张缵路过郢州时，王纶举行了酒会招待他。张缵见吴规也在酒席上，就举起酒杯满含讥讽地说："吴规，我这杯酒庆贺你今晚可以陪宴。"这话极具侮辱性，吴规负气而走。

吴规的儿子见父亲不高兴，就询问原因，知道自己的父亲被人嘲弄后，气塞而死。吴规恨张缵瞧不起自己，又哀痛儿子的死亡，怒愤交加，不久也命归黄泉。吴规的妻子看到丈夫与儿子都死了，伤心过度，不久也死了。

导致这场悲剧原因很多，吴规气量狭小固然是一个原因，但事情的导火索还是张缵的那句侮辱人的话。可见，言语的杀伤力有时候堪比刀枪，酒桌上的人们更须慎言。

有的人喝醉酒以后喜欢吹牛皮，有人喝醉了酒喜欢放狂言，这也是饮酒丧德的行为，而且这样的人古往今来比比皆是。

大诗人杜甫就很好酒，而且酒德不敢恭维。杜甫曾经去投靠西川节度使严武，严武对他很照顾，两个人经常在一起喝酒。有一次，杜甫酒喝多了，爬到了严武的座位上，瞪着眼睛，指着严武的鼻子说："想不到严挺之这个忠厚没有用的老头子，居然生了你这么个厉害儿子。"严挺之是严武的父亲。杜甫在别人家中喝酒，还辱骂人家父亲，实在是不应该。

严武闻言当然大怒，要不是被其母劝阻，可能一代诗圣早就死在了他的刀下。做客要有做客的规矩，杜甫的行为无疑破坏了这个规矩。

相反地,有的人在酒桌上就很善于自控,显示出了过人的风度。

唐代有一位叫程皓的人就很有酒场风度,他从来不说别人的坏话,在酒桌上也是如此。有一次他在酒席上被人痛骂,骂的话简直不堪入耳,同席的人都觉得无法忍受。程皓却没有翻脸,只是捂着耳朵走开了。

他不发火,理由很简单,哪能与喝醉的人一般见识呢?这不能不说是胸襟豁达的表现。

无独有偶,唐代还有一位叫任迪的人,也以心胸豁达而受人爱戴。

任迪是天德军节度使李景略的判官。有一次军中开宴,众人都喝得醉醺醺的。斟酒的人也喝多了,误将一壶醋当作酒给了他。任迪喝了一口,酸得牙齿都快掉了。但他知道李景略治军极为严格,要是这件事情被李景略知道了,斟酒的人肯定会性命难保。

于是他装作没事一样喝了半天醋,将事情掩饰过去了。最后实在喝不下去,才以酒味太薄为由将醋换掉。军人知道这件事情后,都对任迪感恩戴德。

李景略病死后,军士们都竭诚拥戴任迪继任节度使。监军不同意,就将任迪抓了起来。军士们因此差点哗变,最后终于齐心协力,砸破牢门救出了他,请他当了一军之主。朝廷闻讯无可奈何,也只好默认了。

我们难免会参加各种各样的酒宴,有情愿参加的,有不得不参加的。但是无论是哪种场合,我们都应该谨守礼节,做一个受人欢迎的文明饮酒人。

做个文明饮酒的人

其实不论是主人还是客人，我们在酒桌上都应该文明饮酒。恪守酒桌礼仪，饮酒不过量，不在酒后胡言乱语，这是文明饮酒人的最基本要求。有些人在酒场上守礼，回了家就发酒疯，这同样是不可取的。

从古至今都不乏酒后窝里横的醉鬼，有很多还为人们所熟知。不过这种事情流传后世并不光彩，后世人当引以为戒。

唐代参军戏里有个叫《踏摇娘》的节目，里面的男主角就是隋朝末年河内郡的一个酒鬼。这位醉鬼不仅长得很难看，还特别喜欢喝酒。喜欢喝酒也就罢了，他更喜欢喝醉酒打老婆。他的妻子不仅人长得漂亮，而且多才多艺。她将发生在自己身上的事情编成曲子唱给别人听，于是就有了《踏摇娘》这个节目。这位不知名的醉鬼也因为这个节目，成了后世人们取笑的小丑。

唐代还发生过一件特别有名的酒后打老婆的事件，这件事后来演变成了京剧《醉打金枝》。

故事说的是汾阳王郭子仪的儿子郭暧，娶了升平公主。娶公主当老婆表面上很风光，其实也有说不出的苦。公主是金枝玉叶，要像皇帝一样供着她，丈夫和公公还要向她磕头行礼，郭大公子自然是恼在心里。

有一次，郭暧喝多了酒，发起了酒疯。将公主狠揍了一顿，还扬言：你爸是皇帝有什么了不起，没有我爸郭子仪，你爸那皇帝能当得成吗？鼻青脸肿的公主回娘家向皇帝诉苦。唐代宗自然很生气，但慑于郭子仪的权势，只得打掉牙齿往肚里吞，反过来责怪了女儿一顿，并"真诚地"向郭子仪道歉。

　　这个故事虽然没有以悲剧收场,却并不是说酒后打老婆是可取的;尤其是很多人没有郭子仪的本事,却想学郭暧的脾气,可谓没有自知之明。现在家庭暴力事件屡见报端,很重要一个原因就是丈夫酒后无德。

　　在酒场上要做文明的人,喝了酒回家后更应该做文明的人。因为家是自己温馨的港湾,家人需要的是呵护,而不是拳打脚踢。

第三章

岂可一日无此君
——文人的酒情怀

第一节 禁酒风波

周公制《酒诰》

历史是一面镜子,以史为鉴才可以更好地面向未来。有许多著名的历史人物能够吸取前人因酒误事、因酒误国的教训,在饮酒上做出节制。刚刚取得天下的西周奴隶主贵族针对当时酗酒的歪风,在周公的倡导下,制定了《酒诰》。周朝的全国性的禁酒运动开始了。

周公德才兼备,是中国历史上有名的政治家,孔夫子最崇拜的人物就是周公。为了遏制住商代遗民嗜酒成风的不良风气,周公以成王的名义,制定了禁酒令《酒

◎周公姬旦像

诰》,在中国历史上开了以国家政令形式禁酒的先河。周公先总结了商朝君臣因酗酒而亡国的沉痛教训,告诫人们一定要节制饮酒,否则会受到严厉的处罚。

《酒诰》规定了饮酒的时节,只有在祭祀的时候才可以饮酒,文中是这样说的:

祀兹酒,惟天降命,肇我民,惟元祀。天降威,我民用大乱
丧德,亦罔非酒惟行;越小大邦用丧,亦罔非酒惟辜。

"国之大事,在祭与戎",祭祀在古代有着非同一般的意
义。周公规定,在祭祀的时候人们是可以饮酒的。此外,"父
母庆则可饮酒",儿女为父母祝寿也可以饮酒,向父母敬酒是
儿女表达孝心的一种很重要的形式,周公的考虑是很周到的。

周代是一个以礼治国的朝代,《酒诰》不准非礼饮酒,饮
酒时必须文明,饮酒不能喝醉。"群饮,设勿佚,尽执拘以归于
周,予其杀。"周公对聚众饮酒闹事的行为深恶痛绝,敢这么做
的人会受到严厉的惩罚,甚至会被杀掉。

曹操禁酒

酒的出现有一个先决条件,那就是农业的兴盛及粮食的
剩余。在古代,造酒与禁酒基本上是同时出现的,粮食多余了
就造酒,遇有天灾,粮食不足,政府就会禁酒。在中国历史上,
历朝历代都颁布过禁酒令,可是酒从来没有被禁绝过,每次禁
酒都是虎头蛇尾,最后也就不了了之了。这是因为酒已经融
入了人们社会生活的方方面面,它与人朝夕相伴,要人为地禁
绝它是不现实的事情。

历史上最有名的禁酒者,要数曹操了。说起曹操爱酒,好
多人都会点头赞同,"对酒当歌,人生几何",曹操的诗可以证
明他是个爱酒的人。曹操年轻的时候曾把家乡的酿酒技术整
理成《九酿法》呈献给皇帝,后来他又将杜康酒写进了《短歌
行》这一不朽名篇。英雄爱酒,这是千古的佳话,"何以解忧,
唯有杜康",酒确实为曹操的英雄本色平添了几分豪迈。爱酒、
嗜酒并且以酒为乐的曹操为何要禁酒呢,这和他统一天下的雄

心壮志有关——为了成就功业,只好暂时放弃口腹之欲了。

曹操还留下了"斗酒只鸡"的典故,这个典故既说明了曹操对朋友的怀念,同时还说明了他对酒的爱好。桥玄是曹操的挚友,桥玄曾跟曹操开玩笑说:"我以后死了,你经过我的坟墓,你不用一只鸡、一斗酒祭奠我的话,你乘车走过三步,肚子就会疼的,到时可不要怪我不够朋友哦。"后来桥玄去世了,曹操践行了自己的承诺,留下了"斗酒只鸡"的典故。

◎ 曹操像

建安十二年(公元207),曹操鉴于连年战争导致的粮食歉收,颁布了禁酒令。当时正是群雄逐鹿,战争频繁,粮食直接关系到一个军事集团的生死存亡。袁绍的军队因为缺少粮食曾以桑葚为食物,袁术的军队甚至曾吃人度日。曹操由于实行了屯田制,一定程度上缓解了军粮短缺问题。但这毕竟不是治本之策,尤其在遇到天灾的时候,就不得不颁布禁酒令了。当时下过禁酒令的不是只有曹操,还有刘备等人。

曹操的禁酒令刚下,就遭到了一个人的反对。这人就是孔融。

孔融(公元153—208),字文举,孔子的二十世孙。孔融是中国历史上鼎鼎大名的人物,"孔融让梨"的典故更是妇孺皆知。孔融是汉末著名的名士,非常好酒,他有一句名言:"坐上客恒满,樽中酒不空,吾无忧矣。"他还有诗说:"归家酒债多,门客粲几行。高谈惊四座,一夕倾千觞。"与满座高朋饮酒高论,正是孔融最喜欢的生活。

孔融不仅自己爱喝酒,他好酒的习惯还传给了自己的两个儿子,《世说新语》中就有一则记孔融儿子偷酒的故事。

孔文举有二子,大者六岁,小者五岁。昼日父眠,小者床头盗酒饮之。大儿谓曰:"何以不拜?"答曰:"偷,那得行礼?"

孔融二子不仅继承了孔融好酒的基因,小小年纪就偷酒喝,尤其是他的小儿子,更继承了孔融旷达的风度,蔑视礼法。

◎孔融像

曹操的禁酒令,自然也就引起孔融的不满。于是他仗着与曹操交厚,半开玩笑地撰文反驳禁酒令。在给曹操的第一封信中,孔融罗列典故,大谈酒的作用。他认为酒对政务没有什么坏处,不应该禁。信中说:

酒之为德久矣。古先哲王,祭帝禋宗,和神定人,以济万国,非酒莫以也。故天垂酒星之曜,地列酒泉之郡,人著旨酒之德。尧不千钟,无以建太平;孔非百觚,无以堪上圣;樊哙解厄鸿门,非豕肩钟酒无以奋其怒;赵之厮养,东迎其王,非引卮酒无以激其气。高祖非醉斩白蛇,无以畅其灵;景帝非醉幸唐姬,无以开中兴;袁盎非醇醪之力,无以脱其命;定国非酣饮一斛,无以决其法。故郦生以高阳酒徒,著功于汉;屈原不褷歠醨,取困于楚。由是观之,酒何负于政哉!

　　孔融反驳曹操禁酒令的立足点是，酒在历史上起过很大的作用，古人祭祀天地、祖先，保持人神之间的和谐关系，这些都离不开酒。正因为酒有这么大的作用，所以天上才会有名为酒星的星星，地下才会有叫作酒泉的地名，人们才会在文章中讨论酒的功用。尧不喝酒，就不能建立上古的太平盛世；孔子不喝酒，也不会被人们称为圣人。樊哙在鸿门宴上帮助刘邦脱险，酒助长了英雄胆气；汉高祖刘邦如果不是醉后斩白蛇，也不能开创大汉王朝。孔融在这里列举了一大串历史上的人物因酒成事的例子，用意就在于说明"酒何负于政哉"这一基本观点。

　　曹操不仅是著名的政治家、军事家，还是著名的诗人，他自然明白孔融的用意。孔融是当时的名士，在朝野之上有极大的影响力，他的一言一行都会对曹操政令的推行起到很大的作用。曹操为了强力推行禁酒，就在给孔融的回信中提出了禁酒的历史依据，那就是历史上的夏商两朝的统治者都是因为纵酒而亡国，他们也因此成了昏君的代名词。因此，禁酒是十分必要的。

　　孔融不同意曹操的观点，又写了一封信批驳他。

　　昨承训答，陈二代之祸，及众人之败，以酒亡者，实如来诲。虽然，徐偃王行仁义而亡，今令不绝仁义；燕哙以让失社稷，今令不禁谦退；鲁因儒而损，今令不弃文学；夏商亦以妇人失天下，今令不断婚姻。而禁酒独急者，疑但惜谷耳，非以亡王为戒也。

　　孔融认为曹操的观点站不住脚，他又举出了历史上许多名人的例子：徐偃王是西周时期徐国的国君，他以仁义待人，有三十六个诸侯臣服于他。后来，周穆王联合楚国进攻徐国，徐偃王主张仁义不肯开战，于是败逃，数万百姓感其恩义跟随着他。徐偃王因为行仁义而亡国，但天下仍然推崇仁义；燕哙是燕国的君主，他很推崇尧舜时代的禅让制度，就将国家禅让给了自己的大臣，结果导致国家大乱。孔融认为燕哙因为禅让失国，今人却仍推崇禅让；鲁国因为实行孔子的礼制而削弱，但天下仍尊儒学；夏商的国君因为沉迷女色而亡国，然而后人却不禁婚姻。孔融认为曹操"以亡王为戒"的理由是小题大做，直言曹操禁酒是因为爱惜粮食，并不是因为酒会亡国，这一点倒是猜对了曹操的心思。孔融的话难免有强词夺理之嫌，而且明知道曹操禁酒是因为粮食的缘故，还要写信诡辩。他并不是诚心与曹操对着干，只是逞才率性的行事习惯使然。

对曹操而言，孔融的做法却成了他推行禁酒令的绊脚石。之后，孔融屡屡以文为戏，非议曹操的决策，终于为他以及他两个爱酒的儿子招来了杀身之祸。

曹操虽然颁布过禁酒令，但这也是非常时期的非常手段。他本人其实也颇好酒，他的儿子曹丕、曹植也是如此。曹丕的《与吴质书》是魏晋散文的代表作，里面有一段与酒有关的文字：

> 昔日游处，行则连舆，止则接席，何曾须臾相失。每至觞酌流行，丝竹并奏，酒酣耳热，仰而赋诗。当此之时，忽然不自知乐也。

曹丕以前与朋友一起游玩的时候，同乘同坐，从没有片刻的分离过。朋友们经常一边听着音乐一边痛饮美酒，酒酣耳热的时候，大家一起写诗作赋，热闹非凡。建安时期，葡萄是稀罕物，葡萄酒更是珍品中的珍品。东汉灵帝时，山西人孟佗用一斛酒向当时权势熏天的大宦官张让行贿，竟然获得了"凉州刺史"的官职。曹丕对葡萄酒可谓情有独钟，他写信给朋友,说他一闻到葡萄酒的香味就会垂涎三尺,更何况大口地痛饮呢。

曹丕的弟弟曹植更是个爱酒如命的人,《三国志·魏书》本传记载他"任性而不自雕励,饮酒不节",曹植的诗篇中随处可见"酒"字,他还仿照杨雄的《酒赋》写作了一篇同名的《酒赋》。曹植在《酒赋》中借矫俗先生之口提道:"此乃淫荒之源,非作者之事。或耽于觞酌,流情纵逸。先王所禁,君子所斥。"

◎ 阎立本《历代帝王图》之曹丕像

曹植这几句话是在讲酒的危害,这可以说是他对禁酒令的回应。实际上曹植好酒的名声很大,一直影响到后世的李白,李白在《将进酒》中提到的"陈王昔时宴平乐,斗酒十千恣欢谑"中的"陈王"指的就是曹植。

酒还有两个别号,"圣人"与"贤人",这两个称呼与曹操的禁酒事件是直接相关的,它们出自《三国志·魏书·徐邈传》。汉朝末年,全天下都出现了大饥荒,朝廷为了节省粮食,严禁酿酒、饮酒。当时喜欢喝酒的人都将清酒称为圣人,将浊酒称为贤人。

徐邈在曹操手下担任尚书郎的官职,曹操虽然明令禁酒,徐邈却根本不在乎,整天喝得醉醺醺的。有一位叫赵达的官员去向他询问公事,他醉醺醺地说:"中圣人。"这里的"中"用作动词,是"被困"的意思,就是说自己被"圣人"困住了,"圣

◎《曹子建文集》书影

人"指的是清酒,徐邈在这里的意思是说自己喝醉了。赵达将徐邈的话告诉了曹操,曹操听说后勃然大怒,但他不知道"圣人"是什么意思。另一位名叫鲜于辅的大臣告诉他:"喝酒的人把清酒叫作圣人,浊酒叫作贤人。徐邈这个人平时还算奉公守法,现在不过是说说醉话而已。"于是,曹操就原谅了徐邈。曹操去世后,曹丕篡汉自立,徐邈是魏国的重臣,曹丕很喜爱他。一天,曹丕见到徐邈,向他开玩笑地问道:"你近来不中圣人了吗?"徐邈对曹丕答道:"还不时地中一下。"曹丕听后大笑。

从此以后,有人便以清圣浊贤作为清浊酒的别称。李白与孟浩然是挚友,一篇《送孟浩然之广陵》足以说明两人之间的深情厚谊。李白的一首名为《赠孟浩然》的诗中有"**醉月频中圣**"的句子,用的就是个典故,说孟浩然特别喜欢喝酒。天宝年间,李适之因为奸臣李林甫的排挤而被罢免了宰相,他作诗感慨道:"**避贤初罢相,乐圣且衔杯**。"乐圣,就是饮酒的意思,用的也是这个典故。长征的时候,红军经过茅台镇,当地百姓用茅台酒招待红军,许多红军用茅台酒来清洗伤口。周恩来知道后说:"你们这么做是在糟蹋圣人啊!"可见周总理对这个典故也是了然于心的。

第二节 名士醉酒

晋人王孝伯给名士下了这样一个定义："名士不必须奇才，但使长得无事，痛饮酒，熟读《离骚》，便可称名士。"可见，诗与酒是名士的包装，名士不饮酒是不可想象的。"三日不饮酒，觉形神不复相亲"，这是深得酒中真谛之人的言语；"酒正引人着胜地"，非嗜酒如命者不可达到此境界；"酒，正使人人自远"，这也是论酒的千古妙语。魏晋时代是一个特殊的时期，当时天下大乱，人们生活朝不保夕，许多人死于非命，因此人们都喜欢沉醉于酒中，喝酒对魏晋名士来说既是避祸的方式，也是修身的方式，在酒中他们与天地自然合一。

饮酒出名的名士要首推"竹林七贤"了，他们分别是阮籍、嵇康、刘伶、向秀、山涛、王戎、阮咸七人。他们不仅在文学史上赫赫有名，在酒史上的名声也毫不逊色，他们的故事主要保存在刘义庆所著的《世说新语》中。

阮籍，字嗣宗，曾任步兵校尉，后世又称为"阮步兵"。阮籍做步兵校尉，不是因为想当官，而是因为酒：当时步兵校尉出现了空缺，听说步兵校尉的厨中有美酒数百斛，阮籍就主动要求去当步兵校尉，所以后世称他为"阮步兵"。

阮籍生性谨慎，司马昭一直想拉拢他，阮籍每次都说些玄远的话，从来都不随便地批评人物。司马昭想与阮籍结为儿

◎ 范曾作品《竹林七贤》

女亲家,每次派人去向阮籍求亲,阮籍都醉得不省人事。阮籍连续醉了两个月,司马昭没有办法,只好放弃了。司马昭的重臣钟会经常问阮籍关于时局的看法,想抓阮籍言语的漏洞来治他的罪。阮籍却每次都喝得大醉,对时局不加任何的评论。"胸中块垒,非酒不能消也",沉醉于酒,这是阮籍不得不如此的保命之道,他就算大醉的时候心里也是清楚的,他不想与司马氏有瓜葛,可又不敢公开得罪,只好装疯卖傻了。阮籍嗜酒如命,在母亲去世的时候仍然饮酒如故,《晋书·阮籍传》记载:

◎ 阮籍像

　　籍性至孝,母终,正与人围棋,对者求止,籍留与决赌。既而饮酒二斗,举声一号,吐血数升。及将葬,食一蒸豚,饮三斗酒,然后临决,自言穷矣。举声一号,又吐血数升。毁瘠骨立,殆至灭性。

阮籍是个大孝子，母亲去世的时候，他正与人下棋，对手要求暂时罢手，阮籍不同意，非要和他分出胜负不可。下完棋后，阮籍喝了两斗酒，大声痛哭，吐了数升血。他的母亲将要下葬时，阮籍吃了一只蒸熟的小猪，喝了三斗酒，然后拜别母亲，仰天大号，痛哭流涕，又吐了数升血。母亲去世后很久，阮籍都是形销骨立的。按传统的礼法习惯，母亲去世的时候儿子是不可以喝酒吃肉的，但阮籍不在乎这些，因为这些规定都是形式，阮籍重视的是他对母亲的深情。母亲去世后，阮籍一直吐血，这足以表明他对母亲的深情，他喝的是伤心酒。

阮籍的这一不同于礼法习俗的反常行为，有的人是不理解的，甚至要求当权者将其绳之以法，《世说新语·任诞》篇中记载了这样一个故事：

阮籍遭母丧，在晋文王坐，进酒肉。司隶何曾亦在坐，曰："明公方以孝治天下，而阮籍以重丧显于公坐饮酒食肉，宜流之海外，以正风教。"文王曰："嗣宗毁顿如此，君不能共忧之何谓？且有疾而饮酒食肉，固丧礼也。"籍饮啖不辍，神色自若。

阮籍在守丧期间在司马昭的面前，饮酒食肉，引起了何曾的不满，何曾认为阮籍的行为不符合孝道，应该流放阮籍。司马昭不赞同何曾的看法，阮籍因为母亲去世伤心过度身体受到了极大的伤害，司马昭认为这应该值得同情，况且有病的时候饮酒食肉并不违背丧礼。司马昭与何曾议论阮籍，阮籍好像没有听到一样，照样饮酒食肉，神色自若。司马昭说这些话并不代表他理解阮籍，他只是想通过这些来收买阮籍。

只有名士才可能真正理解名士，裴令公是理解他的：

阮步兵丧母，裴令公往吊之。阮方醉，散发坐床，箕踞不哭。裴至，下席于地，哭吊毕，便去。或问裴："凡吊，主人哭，客乃为礼。阮既不哭,君何为哭?"裴曰:"阮方外之人,故不崇礼制,我辈俗中人,故以仪轨自居。"时人叹为两得其中。

客人去参加丧礼,主人不哭客人哭,这种事情放在今天也是十分失礼的行为。而且,客人来吊丧的时候,阮籍还喝醉了,他也不和客人打招呼,这是更为失礼的行为。裴令公不愧为名士,他没有怪阮籍,他认为阮籍是世外之人,不能用一般的礼法来约束,自己是俗人,只能按俗人的规矩办。裴令公真是阮籍的知己,他们之间的这种交往可以称之为"道不同亦可为谋"。

阮籍不仅自己喜欢喝酒,他喝酒的爱好还影响了他的同宗兄弟们,好多阮家的子弟都喜欢喝酒。有时候许多人一起喝酒,他们觉得用杯子不过瘾,就用一个很大的瓮盛酒,大家围坐在一起痛饮。这时,有一群猪看到瓮里面的酒也来喝,他们根本不在乎,只将酒的上半部分撇掉,然后继续痛饮。

阮籍有一个侄子叫阮孚,他爱酒的程度丝毫不亚于他的叔叔,酒瘾上来的时候而身边恰巧没带钱,他就会用帽子上的金貂去换酒。

"杖头钱"是酒钱的雅称,这个典故来源于另一位阮姓人物阮宣子。阮宣子出门的时候经常在手杖头上挂一些钱,遇到酒店,他便用钱买酒喝。阮宣子性格很狂傲,他经常一个人自饮自酌,就算当时的权势人物来拜访他,他也不会轻易搭理。

阮籍是个旷达的人,他虽然不顾礼法,但也从来没有做出什么出格的事情。阮籍的邻居就是卖酒的,老板娘长得很漂亮,阮籍与王戎经常去这家酒店里喝酒。阮籍喝醉后就睡倒在老板娘的身边。酒店的主人刚开始以为阮籍有什么不轨的举动,偷偷地观察了好久,后来并没有发现阮籍有什么异常的举动。可见,阮籍的旷达是有限度的,他的旷达并不等于无耻。

阮籍的好友嵇康在文学上与阮籍齐名,在喝酒上也丝毫不亚于他,两个人可以称为酒史上的双璧。

嵇康,字叔夜,他曾担任过中散大夫,后世称他为嵇中散。嵇康身高七尺,是个风度翩翩的美男子。竹林七贤中的另一位山涛对他的评价是:"嵇叔夜之为人也,岩岩若孤松之独立;其醉也,傀俄若玉山之将崩。"嵇康醒着的时候脱俗,醉倒后潇洒。山涛后来去做官了,嵇康与之绝交,并写下了名垂千古的《与山巨源绝交书》。

◎ 嵇康像

山涛也是一个爱酒的人,他的酒量很大,喝八斗才醉倒。司马昭曾亲自试山涛的酒量,山涛饮到八斗果然醉倒了。山涛与阮籍、嵇康的关系非常好,山涛认为有资格和自己做朋友的只有阮籍、嵇康两人,山涛的妻子也特别想瞻仰一下阮籍、嵇康的风采。某一天,两个人来到了山涛家,山涛请他们喝酒,三个人喝了一夜,山涛的妻子一直在偷看阮籍与嵇康。第二天山涛问妻子对两人的评价,他的妻子认为阮籍、嵇康各方面都比山涛强很多,只是山涛的度量略微胜过两人而已,山涛很赞成妻子的评价。

有其父必有其子,山涛的第五子山简也是一个酒徒。永嘉时期,山简一直做到尚书左仆射的高官,他爱酒的习惯没有因为官职的升迁而有任何变化。据史书记载:"时四方寇乱,天下分崩，王威不振，朝野危惧，简优游卒岁，唯酒是耽。"山简饮酒的原因与他的父辈阮籍等人有相似之处，都是因为对动乱现实的失望，沉醉于酒可以暂时忘却心中的苦痛。

竹林七贤中另一位擅长喝酒的人是刘伶，他还留下了关于酒的名篇《酒德颂》。刘伶在《酒德颂》中将喝醉酒的感觉概括为"无思无虑，其乐陶陶"，这八字形象地说明了酒的忘忧作用。刘伶一生"唯酒是务，焉知其余"，他醉后放纵旷达，不拘礼法，经常做出一些怪诞的举动。一天，刘伶喝醉酒后在屋里脱光了衣服，有人看到后非常鄙夷，就出言讽刺了他。刘伶说："我哪里没穿衣服呢，我把天地当成大房子，将屋子当成衣服，你们这些人没事为什么要钻进我的裤子来呢？"那人听后又气又恨，但无话可说。

刘伶外出的时候随身会带着酒，他还让仆人拿着铁锹跟着他。他经常对仆人说："我醉死了，你就随便挖个坑将我埋上。"

刘伶经常饮酒，他的妻子很为他的身体担心，多次劝说他不要喝太多，可是刘伶一直都把妻子的告诫当成耳旁风。刘太太没办法，只好将酒都泼到了地上，将喝酒用的器皿也给砸坏了。她哭着要求丈夫戒酒，刘伶答应了，他对太太说："我自制力比较差，恐怕不能说到做到，我应该在鬼神面前发誓一定要戒掉酒！你快准备祭神用的酒肉吧。"妻子听后大喜，赶紧为刘伶准备酒肉，妻子将酒肉放在神案前，请丈夫发誓。刘伶说："我刘伶天生就是喝酒的，一次能喝一斛酒，喝五斗的时候才有点醉意。妇道人家的话，神仙们千万不要听啊。"刘伶说完后就开怀畅饮，一会就醉倒了。刘太太看到醉倒的丈夫也只能苦笑了。

关于刘伶醉酒还有这样一个传说：有一次，刘伶外出拜访挚友张华,张华为他接风洗尘。刘伶不喝张华的酒,因为他来的时候特地带来了京都的美酒,来请朋友品尝。张华喝过刘伶带来的酒后,说:"兄长带来的京都酒味淡如水,根本不如我这里的遂州酒酒味醇厚。"刘伶是喝酒的高手,一闻遂州酒就知道是佳酿,马上开怀畅饮,他认为自己带来的酒确实不行。张华告诉他,这种酒的名字叫遂州杜康,刘伶不解其意,张华就告诉了他原委。

原来酒仙杜康的八代弟子王二想开酒店,他走遍天下寻找适合酿酒的泉水,最后找到了瀑河畔的遂州。王二以此地的泉水酿酒,酿出来的酒甘美异常,王二就把这种酒称为"遂州杜康"。刘伶听后大喜,开怀畅饮,张华劝他少喝点,因为这种酒特别容易醉人。刘伶对朋友的话不以为然,因为他对自己的酒量很自信,认为多喝几杯没有什么大不了的。刘伶一直喝到晚上,一醉不醒,张华以为他死掉了,就将刘伶埋上了。三年后,店主人向张华讨还酒债,张华告诉他自己的朋友喝了他的酒已经死掉了,店主人不信,以为张华是想赖账。张华为了证明自己没有说谎,就挖开了刘伶的墓。棺材打开之后,刘伶正呼呼大睡,风一吹他就醒了,刘伶还没有坐起身子就大呼"好酒"。从此,人们又把这种酒称为"刘伶醉"。

刘伶喝酒并不刻意地选择对象,嵇康这样的高士可以与他一起喝,一般的布衣百姓也可以和他喝。曾经有一次刘伶在外面喝酒,与一个酒鬼吵了起来,酒鬼文化程度不高,卷起袖子就想教训一下刘伶。刘伶也不着急,解开了自己的衣襟,笑着说:"你看我这两排鸡肋般的肋骨,怎么能够承受得起你尊贵的拳头呢?"酒鬼被刘伶的幽默逗乐了,两个人继续喝了起来。

后世文人对刘伶的旷达风度倾慕不已,许多人尊称他为

"醉侯"。皮日休是晚唐的著名诗人,他也是一位爱酒如命的人,他有这样的诗句:"他年谒帝言何事,请赠刘伶作醉侯。"皮日休拜见皇帝不谈别的事情,只求皇帝把刘伶封为"醉侯",可见他对刘伶的热爱之深,他是引刘伶为酒中知己的。陆游有诗云:"天上但闻星主酒,人间宁有地埋忧。生希李广名飞将,死慕刘伶赠醉侯。"陆游的梦想是活着的时候有李广的名声,死后可以像刘伶那样在酒史上留下名字。

竹林七贤之一的王戎也好酒。有一次,阮籍与山涛、刘伶、嵇康正喝得痛快的时候,王戎姗姗来迟了。阮籍看到王戎后说:"这个俗物又来败坏人的兴致。"王戎听到后说:"你们的兴致也是我可以败坏得了的吗?"说完后,几人大笑,一起开怀畅饮。王戎之所以被阮籍讥讽为俗物,是因为他十分吝啬,甚至吝啬到要将送给女儿的嫁妆要回来的地步。虽然王戎有这么个小缺点,但他与阮籍等人的关系还是很融洽的。阮籍、嵇康两人离开人世后,王戎想起以前和朋友们一起酣饮的日子十分感慨。王戎后来官做得很大,当了尚书令,一天他穿着官服经过从前与朋友们经常喝酒的黄公酒垆,对自己身边的人说:"我以前与我的好朋友阮籍、嵇康经常在这个酒店里喝酒,我也参与了他们在竹林的游玩。自从阮籍病死、嵇康死于非命以来,我便被一些俗事所羁绊,没有真正地开心过。今天这个酒店就在我的身边,但良朋不在,我觉得酒店好像离我很遥远。""黄公酒垆"的典故充分表明了王戎对朋友的思念之情,他始终无法忘怀与朋友们畅饮的日子。

竹林七贤的风度让后人回想不已,他们身上体现出来的风度气质被后人概括为"魏晋风度"。酒成就了他们的美名,酒凸显了他们的风姿,酒让他们的生命分外精彩。

第三节　酒酣胸袒

　　要问最有名的写酒的对联是哪个,人们一定莫衷一是,若问最常见的是哪个,那非"醉里乾坤大,壶中日月长"莫属了。"壶中日月"指的是醉酒后美妙的感觉。酒只在喝出感觉、喝出风度的时候才是美的,魏晋人是最善于喝酒的人,不论帝王将相还是贩夫走卒,他们在饮酒时候都有一种不凡的气质,这是魏晋人独有的风度。

　　晋元帝是一个爱酒的人,他在江南的时候也经常喝得酩酊大醉。宰相王导与皇帝关系不错,每次看到晋元帝喝醉酒的时候王导都会痛哭流涕地进谏。晋元帝答应了王导,他酣饮一次后就再也没有喝过酒。

　　《世说新语》中记载过这样一个故事:

　　太元末,长星见,孝武心甚恶之。夜,华林园中饮酒,举杯属星云:"长星,劝尔一杯酒,自古何时有万岁天子!"

　　长星即彗星,在民间又被称为扫帚星,是不祥的象征,孝武帝看到后心里自然很厌恶。孝武帝用饮酒的方式排解自己不适的心情,他举杯对彗星说:"彗星,我敬你一杯酒,从古到今哪有万岁的天子啊!"孝武帝此举十分潇洒,大有名士风范,非看破历史兴亡的旷达之人不能做出此举。

　　周顗(公元269—322),字伯仁,河南汝南安城人,他年轻的时候就有很大的名声，受到了许多人的推举。周颉是个大酒徒，他嗜酒如命，酒量很大，可以一次喝一石。他曾经连续醉了三天，当时的人都称他为"三日仆射"。仆射，这是一种官职，相当于唐代的宰相。

◎ 周伯仁像

东晋王朝建立后，周颉仍然天天痛饮，整日沉醉于酒乡中，历史上有名的"新亭对泣"的故事就和他有关。随着东晋政权南渡的士族官僚们每到风和日丽的日子里，他们都会到一个叫作新亭的地方喝酒。他们喝酒的时候十分放松，经常是直接坐在草地上。一天，大家正喝着的时候，周伯仁感叹道："风景还是和以前一样的美丽，可是我们的国家却不一样了！"一起喝酒的人听后都觉得挺难过，他们都泪流满面。这时宰相王导突然脸色大变，他大声地说："我们更应该积极为朝廷尽忠，努力收复失地，怎么可以像囚徒那样哭哭啼啼的呢。"周伯仁在这儿的表现好像不如王导有风度，但他后来却是为朝廷尽忠而死，用行动实践了王导说的话。

周伯仁过江之后，依然醉的时候多，醒的时候少，他有一件事情很遗憾，那就是喝酒没有真正的对手，一直喝得不尽兴。刚好有个老朋友从北方过来，周伯仁特别高兴，准备下了两石美酒，两人喝了个天昏地暗。周伯仁醒来后想去找朋友继续喝的时候，那位仁兄早已命丧黄泉了。周伯仁将自己的酒友给喝死了，这是他的一大憾事。他的那位朋友可真当得上酒场上说的"舍命陪君子"这句话了，最后以身殉酒。

周伯仁虽然爱酒,在大事上却不糊涂,多次在酒会上指责皇帝的过失。他也曾因为酒得罪过好多人,有时候甚至皇帝都想杀掉他。有一次晋元帝司马睿在西堂大宴群臣,君臣们喝得十分痛快。酒酣耳热的时候,皇帝对大家说:"今天名臣聚集一堂,比尧舜的时候怎么样啊?"众臣为了讨好皇帝,都在附和皇帝的话。周伯仁大声地说:"现在怎么能比得上尧舜的时候?"周伯仁当面让皇帝下不了台,元帝自然很气愤。元帝命令将周伯仁交给廷尉严惩不贷,并要求杀了他。几天之后,皇帝的气消了,就下令释放了周伯仁。他刚从监狱出来就又喝上了,一边喝一边对来探望他的同僚们说:"我知道我这个罪是死不掉的。"

周伯仁并没有吸取这次的教训,在喝醉了酒后仍然我行我素。一次,丞相王导请大臣们一起喝酒,周伯仁又喝得大醉,酒醉后的仪态非常不合朝廷的规矩。有人向皇帝反映了这件事,皇帝知道他酒后闹事也不是一次两次了,就没有怎么处置他。

周伯仁有个弟弟叫周仲智,他和兄长一样爱喝酒。一天他喝醉了,瞪着眼睛问自己的兄长:"你的才能不如弟弟我,在外面的名声却比我大!"一会儿后,他将燃烧的蜡烛扔向自己的兄长,周伯仁笑着说:"你小子用火攻,这个法子可不怎么高明啊。"

毕卓是另一位因酒而出名的人,他在酒史上留下了"**毕卓盗酒**"的美谈。

太兴末年的时候,毕卓担任吏部郎的官职,他因为喝酒而荒废了公务,因此而被免职。一天他在家中饮完酒后,已经有了几分醉意的他歪歪斜斜地走出门去,突然又闻到了邻居酒店里的酒香,于是便走上前去悄悄打开店中的酒瓮,坐在地上开怀畅饮起来。正喝得高兴的时候被店主人发现了，店主人就把他当作贼捆绑了起来。店主人将他捆好后，自己就去睡觉了，毕卓就被人捆了一夜。第二天早晨，店主人才知道捆着的是一名官员，连忙给他松绑，并向他道歉。酒店主人听说毕卓这么爱喝自己的酒后，觉得很有面子，就取出美酒和毕卓一起大喝起来，两人很快就醉了。之后毕卓与酒店主人成了好朋友，两人经常开怀痛饮，这真可谓"不绑不相识"。

国画大师齐白石对"毕卓盗酒"的典故情有独钟，他对毕卓偷酒的原因给出了自己独到的解释：毕卓偷酒是因为他当官清廉守法，没有钱买酒。由于历史上留下的关于毕卓的资料不多，他偷酒的原因我们就不得而知了，齐白石对他偷酒的原因做如此的解释，足见对他的爱之深了。白石老人多次以"毕卓盗酒"为题作《盗瓮图》，他在画上的题款是："宰相归田，囊底无钱。宁肯为盗，不肯伤廉。"

◎ 齐白石作品《盗瓮图》

毕卓有个很奇特的理想：他渴望得到一只可以装数百斛美酒的船，船的两头放有各种各样可口的食物，左手举着蟹螯，右手拿着酒杯，吟咏在酒船中。毕卓的梦想就是可以天天躺在这种酒船中优游卒岁，他的爱酒已经成了癖。

毕卓还有一位爱喝酒的朋友，此人叫胡毋辅之。胡毋辅之，字彦国，他的年辈晚于竹林七贤，被誉为"后进领袖"。史书上说他"性嗜酒，任纵不拘小节"，也是个爱酒如命的主。一次，胡毋辅之和自己的朋友解散头发、脱光衣服，将自己关在屋子里喝酒，已经连续喝了好几天了。一位名叫光逸的朋友想推门进来，守门的人坚决不让他进。光逸想了个绝招，他脱掉了衣服，对着狗窝的门叫胡毋辅之的名字，他是在骂胡毋辅之是狗。胡毋辅之只得让人给他开门，邀他一起痛饮美酒，又不分昼夜地喝了好几天。

有其父必有其子，胡毋辅之的儿子也是个放荡不羁的酒徒，他经常同他父亲一起喝酒，喝醉后就直接大呼小叫自己父亲的名字，胡毋辅之却对这种失礼的行为一点也不介意。

张翰，字季鹰，与阮籍齐名，当时有"江东步兵"的美称。阮籍是个爱酒如命的人，江东的张翰自然也不例外了。张翰性情狂放，有人让他为自己身后的名声着想，收敛一下狂傲的个性，他说："让我有身后的好名声，还不如让我现在喝一杯美酒。"张翰的这句话说得十分潇洒，后世的名声是虚的，当下的幸福才是最真实的。他这种旷达的态度很受后人的赞扬，诗仙李白的"且尽生前一杯酒，何须身后千载名"，就是从张翰的这句话脱化而出的。

"尽西风，季鹰归未"，这是辛弃疾一首词中提到的句子，这里涉及另一个与张翰有关的典故：莼鲈之思。莼指莼菜，鲈指鲈鱼，这两样东西都是张翰家乡的美味。张翰仕宦在外，一次看秋风起了，就想起了家乡的美味，想起来在家乡就着莼菜、鲈鱼痛饮的日子，他说："人生最重要的是要适意，哪能够离家数千里来追求功名利禄呢！"于是就放弃仕途回家了。

周伯仁、毕卓、张翰等人是当时的名士，他们行为风雅倒也好理解。当时还有些没有什么文化的普通人也通过酒表现出了优雅的风度，这才是最难得的。《世说新语·任诞》中记载了一个有趣的故事：

晋成帝时，苏峻发动叛变。许多庾姓家族的人都逃亡了，庾冰当时是吴郡的内史，他手下的官员与百姓也早已逃之夭夭。庾冰单身逃亡的时候，他身边只有一个衙门里的差役，这名差役用小船载着他逃到钱塘口。当时苏峻下令手下人一定要抓住庾冰，各地盘查得都非常紧，庾冰忐忑不安，不知道自己是否能够躲过此劫。庾冰的差役将船停在市镇码头上，自己去市镇上喝酒去了。回来后已经喝得醉醺醺，他挥舞着船桨指着船说："哪里去找庾冰呢，这里面就是。"庾冰听后，恐惧异常，吓得一动不敢动。搜捕的人看到差役的船舱很小，不像能够藏人的样子，认为是差役喝醉后在发酒疯，就一点也不怀疑这艘船了。后来朝廷平定了叛乱，庾冰想好好地报答一下自己的救命恩人，他承诺力所能及地满足差役提出的任何要求。差役说："我是差役出身，不羡慕那些高官厚禄。我从小苦于为别人当奴作仆，经常发愁不能痛快地喝酒。您如果能让我后半辈子不缺酒喝，就是对我最好的感谢了，其他的我就什么都不需要了。"庾冰给他修了一所大房子，买来了许多奴仆伺候他，让他家里终年有成百石的美酒，就这样供养了他一辈子。当时的人听到这件事后，认为这个差役不仅有智谋，而且人生态度也很达观。

我们要感谢《世说新语》的作者刘义庆留下了这么精彩绝伦的故事，这位差役虽然没有在历史上留下名字，他的旷达和智谋足以让他名垂千古。他不要唾手可及的富贵，却选择在酒乡中度过一生，表现出了不逊于文人士夫的超然风度。

第四节 陶然忘机

陶渊明（公元 365—427），名潜，字元亮，自号五柳先生，谥号靖节先生，东晋浔阳柴桑（今江西九江）人，中国古代著名的文学家。彭泽好酒已为世人所熟知，而陶渊明做过彭泽的县令，据学者统计：在陶渊明的所有诗歌中，涉及"酒"的就差不多占了一半。陶渊明还专门写了一组《饮酒》诗，这些诗歌在后世影响极大，陶渊明

◎ 陶渊明像

可以说是中国诗歌史上第一个专门咏酒的人。陶渊明给酒起了许多雅称，这些雅称一直流传文史、酒史。陶渊明在《饮酒》诗第七首中说："泛此忘忧物，远我遗世情。"从此"忘忧物"就成了酒的别号。陶渊明在他的自传性散文《五柳先生传》中集中描写了自己对酒的爱好，他说："性嗜酒，家贫不能自得。亲旧知其如此，或置酒而招之。造饮辄尽，期在必醉，既醉而退，曾不吝情去留。"陶渊明自己喜欢喝酒，但由于家贫

不是总能喝得到,他的朋友就请他喝酒,陶渊明每次都会喝得大醉。可见,想当陶渊明的朋友,首要的一个条件就是会饮酒。

◎ 陶侃像

陶渊明的曾祖父是东晋著名的大臣陶侃,他曾挽救过东晋王朝于危亡之中。陶侃也是个爱酒的人,陶侃虽然爱酒但喝酒从不过量,别人问他原因,他说:"年轻的时候曾经因为喝酒而误事,我的母亲就给我定下了喝酒不过量的规矩,母亲虽然不在了,但我不敢忘记她的教诲。"陶渊明除了爱酒的曾祖父外,还有一位爱酒的外公孟嘉。陶渊明幼年生活十分不幸,他九岁丧父,孤儿寡母都在外祖父家里生活。孟嘉是当时的名士,《晋故征西大将军长史孟府君传》这样记载他:"行不苟合,年无夸矜,未尝有喜愠之容。好酣酒,逾多不乱;至于忘怀得意,旁若无人。"孟嘉喜欢饮酒,且酒量很大,他在酒史上留下"龙山落帽"的美谈。

◎ 袁培基绘《龙山落帽图》

东晋永和年间,桓温被朝廷任命为大将军,孟嘉是他手下的参军。有一年重阳佳节,桓温在龙山大宴宾客。孟嘉是一位嗜酒如命的人,他喝得正兴高采烈的时候,一阵风刮来,将他的帽子吹掉了。孟嘉一点感觉都没有,还津津有味地喝着,一边喝一边还与其他的客人高谈阔论。桓温看到这一情景后,暗暗地让一位叫孙盛的人趁孟嘉如厕之际将孟嘉的帽子取回来放到孟嘉的座位上,孙盛还于席间作文嘲笑孟嘉。孟嘉回到酒席后看到了自己的帽子,立刻明白了怎么回事,他立即作文与孙盛对答。孟嘉知识渊博,语惊四座,参加酒会的人无不叹服。不爱酒的人是很难理解酒徒的爱好的,桓温曾经请教孟嘉酒有什么好处,使得那么多人爱喝酒,孟嘉说:"你这样问只能说明你没有搞懂酒中的趣味啊。"李白的论酒名句"但得醉中趣,勿为醒者传"就是来源于孟嘉与桓温的对话。

陶渊明继承了曾祖父与外祖父爱酒的基因,他的爱酒较之两位父辈更胜一筹,他在酒史上的名声也更大。著名学者袁行霈是这样评价陶渊明的饮酒的:"他饮酒是饮出深味的,他对宇宙、人生和历史的思考所得出的结论,他的这些追求那种物我两忘的境界,返归自然的素心,有时就是靠着酒的兴奋与麻醉这双重刺激而得来的。"可谓一语中的。

陶渊明为了解决自己的生计问题,曾当过几任小官,最后一次做的是江西彭泽县的县令。陶渊明一上任,就让自己的属下将公田全部种植上用于酿酒的糯稻。陶太太不同意,她认为人最重要的是吃饭而不是喝酒,所以她认为应该种植普通的稻子。陶渊明说服不了太太,太太也说服不了他,两个人只好各退一步,糯米和普通的稻子各种了一半。每当酒发酵成熟后,酒上面会漂浮着一些渣滓,陶渊明就取下自己头上戴的葛巾过滤酒的渣滓,滤完再戴到头上。陶渊明好酒的名声很大,连和尚都不得不对他让步。庐山东林寺的慧远是当时有名的高僧,他曾经邀请陶渊明去做客。陶渊明答应去,但有一个前提条件,必须允许他喝酒。酒是僧人的第一大戒,寺院是禁止饮酒的,但慧远大师还是破例答应了陶渊明的要求。

陶渊明经常邀请朋友喝酒,他十分随意,喝得快醉的时候,他就对朋友说:"我喝醉了,你有事情就可以回去了。"朋友们都了解陶渊明的性格,看到他喝醉了就离开了。陶渊明喜欢饮酒,但因为家穷,他并不是经常可以喝到酒。

有一年的重阳佳节,陶渊明没有酒喝,心情特别的郁闷,他只能坐在宅边的菊花丛中聊以自慰。正在无聊的时候,他看到远远地过来了一个穿白衣服的人,原来是江州刺史王弘派身着白衣的人来给他送酒。陶渊明别提有多开心了,想喝酒的时候有人来送酒,无异于雪中送炭。随即开怀痛饮,尽醉而归。后人就用"白衣送酒"的典故用来表达与"雪中送炭"同样的意思。

陶渊明有位名叫颜延之的好友,不仅是位诗人,还是位很有名的酒徒。据史书记载,皇帝有一天有事要找颜延之,传了好几次诏都还看不见他的人影,原来他在酒店中喝醉了,第二天酒醒后他才去见的皇帝。某天颜延之来看望陶渊明,见陶渊明日子过得十分清苦,就留下了两万钱用来接济他的生活。朋友走后,陶渊明就把钱全部送到了酒店里,这样他就能随时去酒店喝酒了。颜延之送来的钱自然没有解决陶渊明的生活问题,也许颜延之本来就知道陶渊明会这么做吧,因为只有爱酒的人才真正理解酒徒的心理。

陶渊明创作了一组名为《饮酒》的组诗,共二十首,这些诗是中国诗歌史上的不朽杰作,陶渊明在这组诗的序言中说:

余闲居寡欢,兼比夜已长,偶有名酒,无夕不饮。顾影独尽,忽焉复醉。既醉之后,辄题数句自娱。纸墨遂多,辞无诠次。聊命故人书之,以为欢笑尔。

陶渊明闲居在家,没有什么值得高兴的事情,再加上临近冬季，天气变得日短夜长了，只要身边有好酒，就一定要喝个痛快。一个人喝酒，只有自己的影子与自己做伴，很快就喝醉了。他喜欢喝醉后写些诗自娱自乐，时间一长，积攒下了许多，就让自己的老朋友帮忙整理下来。兹选录两首《饮酒》如下：

> 有客常同止，取舍邈异境。一士长独醉，一夫终年醒；
> 醒醉还相笑，发言各不领。规规一何愚，兀傲差若颖。
> 寄言酣中客，日没烛当秉。

诗的字面意义是说，有两个常住在一起的人，他们的人生志趣完全不同：一个人常年饮酒沉醉，另一个不饮酒终年清醒，两个人彼此互相嘲笑，谁也不能够说服对方。其实"长独醉"与"终年醒"象征了两种不同的人生态度，这首诗表面是在讲酒，实际上却是在讲人生：沉醉于酒中的人正是陶渊明自己人格的写照，他虽沉醉于酒，但却可以看清世间的一切，虽然沉醉却是真正的清醒者；终日清醒的人是与黑暗的社会同流合污的人，这些人是陶渊明的对立面，是他讽刺的对象，这种人看似清醒得很其实却浑浑噩噩。"寄言酣中客，日没烛当秉"，这里的"酣中客"不仅指陶渊明，还指和他抱有同样志趣的人，"日没烛当秉"表面上是说晚上也要秉烛喝酒，深层含义则是要时刻坚守自己高尚的情操。

> 故人赏我趣，挈壶相与至。班荆坐松下，数斟已复醉。
> 父老杂乱言，觞酌失行次。不觉知有我，安知物为贵。
> 悠悠迷所留，酒中有深味！

陶渊明的老友欣赏他的兴趣爱好，提着酒壶来找他一起喝酒。那些淳朴憨厚的乡下朋友们"挈壶"而至，将荆条铺在树下，大家团团围坐在松树下，开怀畅饮，都喝得醉醺醺的。父老乡亲们随便谈笑，喝酒的时候都不在乎那些拘束人的礼法了,一派乡间独有的古朴风情。"**不觉知有我,安知物为贵,悠悠迷所留,酒中有深味。**"在朦胧的醉意中,人的自我意识消失了,外物更不萦于胸中,诗人进入了物我两忘的境界。因此,陶渊明在这里实际上是说自己在诗酒相伴的生活中、在与"故人"共醉的乐事中悟得了自然之理,而此中的"深味"是奔趋于名利之场的人难以体会的。

陶渊明是中国历史上著名的隐逸诗人,他躬耕田园的举动许多人都不理解。义熙末年,有一个老农清晨叩门,带酒与他同饮,让他出山做官,老农的理由是:"**褴褛屋檐下,未足为高栖。一世皆尚同,愿君汩其泥。**"衣衫褴褛的生活实在是太辛苦了,世道是那么的是非不分,老农劝陶渊明收敛一下自己的个性,不妨与世俗同流合污。陶渊明谢绝了老农的好意,他说:"**深感老父言,禀气寡所谐。纡辔诚可学,违己讵非迷?且共欢此饮,吾驾不可回。**"陶渊明首先感谢了老农对自己的好意,因为老农劝他出来做官是为他的生活处境着想。陶渊明认为自己的个性与世俗不合拍,农村的生活虽然艰苦,但自己可以慢慢地习惯,违背自己本性的事情是不会做的。陶渊明让老农不要再劝了,还是开怀畅饮吧。"**久在樊笼里,复得返自然**",陶渊明不会再往火坑里跳的。

据说九江境内有陶渊明埋的酒,有个农民挖地的时候发现了一只石盒子,石盒子内有一个有盖的铜制酒壶,上面刻了十六个字:"**语出花,切莫开,待予春酒熟,烦更抱琴来。**"人们怀疑这酒时间太久了,不能喝了,就全部倒在了地上,结果酒香数月不散。在陶渊明居住的那个地方,有一块叫作醉石的大石,据说陶渊明喝醉的时候喜欢躺在这块石头上。这些都是后人对陶渊明爱酒的美好附会,借此表达对大诗人的爱戴之情。

第四章

醉卧沙场君莫笑
——酒杯中的大唐

第一节　酒中诗仙

　　中国历史上的诗人成千上万，最有名的无过于诗仙李白。李白(公元701—762)，字太白，号青莲居士，有"诗仙"之称，中国文学史上伟大的浪漫主义诗人。李白是诗人中的骄子，也是民族文化的骄傲。李白一生爱酒，他不仅是诗仙，更是酒仙。唐代的另一位大诗人同时也是李白挚友的杜甫对他的评价是："李白斗酒诗百篇，长安市上酒家眠，天子呼来不上船，自称臣是酒中仙。"此语堪称知己之言。李白的诗歌中的好多篇章都飘满

◎ 李白像

了酒香，也留下了许多的关于酒的名句，至今仍脍炙人口。

　　天若不爱酒，酒星不在天；

　　举杯邀明月，对影成三人；

　　抽刀断水水更流，举杯消愁愁更愁；

　　人生得意须尽欢，莫使金樽空对月；

　　自古圣贤多寂寞，惟有饮者留其名；

　　且乐生前一杯酒，何须身后千载名；

　　人生飘忽百年内，且须酣畅万古情；

唯愿当歌对酒时,月光长照金樽里;

黄金白璧买歌笑,一醉累月轻王侯;

金樽清酒斗十千,玉盘珍馐值万钱;

风吹柳花满店香,吴姬压酒唤客尝;

兰陵美酒郁金香,玉碗盛来琥珀光;

身后堆金拄北斗,不如生前一樽酒;

孤猿坐啼坟上月,且须一尽杯中酒;

穷愁千万端,美酒三百杯;

李白诗中此类关于酒的名句举不胜举。若要选举一个名人当中国酒文化的代言人,舍酒仙李白之外更无他人。许多画家更是以李白醉酒为题材创作了许多精美的艺术珍品,如明代画家杜董的《古贤诗图》,现代画家陈学霖的《李白醉酒图》,等等。

◎ 陈学霖绘《太白醉酒图》

李白的诗歌中有太多的酒香,以至于后人有时会误会他,认为他只知道享用美酒,不像他的朋友杜甫那样忧国忧民。在宋代,李白的地位一直不如杜甫高,很大程度上是酒影响了他的名声。中国历史上著名的政治家和文学家王安石,就是一个对李白好酒持有偏见的人。他的意见在宋代很有代表性。看惠洪《冷斋夜话》中记载的他对李白的评价:

舒王以李太白、杜少陵、韩退之、欧阳永叔诗编为《四家诗集》,而以欧公居太白之上,世莫晓其意。舒王尝曰:"太白词语迅快,无疏脱处;然其识污下,诗十句九句言妇人酒耳。"

舒王就是王安石,他编诗集的时候将欧阳修放在李白之上,其他人都不明白他的意思。他给出的理由是,李白没有什么高远的见识,十首诗中有九首写妇人与酒。王安石的观点在宋代很有代表性,许多人批评李白都是继承了他的观点。

真是成也酒,败也酒,酒连累了李白在宋代的名声。然而若李白地下有知的话,他肯定会对王安石的评价付之一笑,然后潇洒地举起酒杯。

因为后来的历史证明,酒不但没有连累他的名声,反而成为李白美名的标签。有些人因为爱李白的诗歌,因而爱上酒的;有的人则相反,因为李白爱喝酒才喜欢上李白的诗歌。李白与酒的关系真是"剪不断,理还乱"。

在民间,酒仙李白的名头远比诗仙李白的名头要大。全国以"太白酒楼"命名的酒店何止几百家,好多酒家的牌匾上都写着"太白遗风"的字样,甚至酒店门框上的对联还有"太白来此亦要下马"等语句。

余光中先生是当今著名的诗人,他非常喜欢李白,作了一首《寻李白》的长诗,诗意地描绘了诗仙李白的形象:

……

自从那年贺知章眼花了

认你作谪仙,便更加佯狂

用一只中了魔咒的小酒壶

把自己藏起来,连太太也寻不到你

怨长安城小而壶中天长

在所有的诗里你都预言

会忽然水遁,或许就在明天

只扁舟破浪,乱发当风

树敌如林,世人皆欲杀

肝硬化怎杀得死你?

酒入豪肠,七分酿成了月光

余下的三分啸成剑气

绣口一吐,就半个盛唐

……

◎贺知章像

在后人的眼中,诗与酒在李白身上是统一的,缺少了哪一样都不是完整的李白。

盛唐诗酒无双士;青莲文苑第一家。

醉酒花间,磨针石上;倚剑天外;挂弓扶桑。

长安市上酒家眠,醉后敢将天子欺;采石矶头明月好,当年犹说谪仙归。

这是三副写李白的对联,里面都提到了酒,可见没有酒,李白也就不能称其为李白。

李白人生的第一个知己是贺知章。贺知章(公元659—744),字季真,号四明狂客,唐代著名诗人,他的诗歌《咏柳》被选入了小学语文课本。李白刚从家乡来到长安,举目无亲,先在客店里面安身。贺知章久闻李白的大名,主动去客店拜访李白。两人一见如故,彼此都觉得相见恨晚。当时贺知章年龄已经很大了,他与李白的这段友谊可以称为忘年交。李白将自己的《蜀道难》拿给贺知章看,贺知章还没有读完就赞叹不已,说李白不是凡人而是天上贬谪下来的神仙。从此,后世人又称李白为"李谪仙"。朋友相逢,没有酒怎么可以呢,何况李白与贺知章都是嗜酒如命的人。贺知章邀请李白去酒肆中饮酒，两人一边喝一边谈论诗文，十分投机。要结账的时候难堪的事情发生了，贺知章发现自己没有带钱。李白想付账，贺知章自然不答应。他解下自己衣服上作为装饰品的金龟来做抵押，两人高兴地离开了酒店。李白对贺知章"金龟换酒"的举动十分感动，贺知章去世多年后他还记忆犹新。就这样，刚到长安，李白就喝了一顿开心酒。

贺知章去世后，李白满含深情地写下了两首《对酒忆贺监》，怀念自己的老朋友，怀念与贺知章在长安畅饮的岁月。《对酒忆贺监》的第一首是这样写的：

四明有狂客，风流贺季真。长安一相见，呼我谪仙人。

昔好杯中物，翻为松下尘。金龟换酒处，却忆泪沾巾。

以前与自己把酒言欢的老朋友变为了松下的尘土，李白回忆起贺知章对自己"金龟换酒"的深情，怎能不肝肠寸断。良朋不在，唯有痛饮美酒，以告慰朋友在天之灵。

唐玄宗任命李白做了翰林学士，他很感激皇帝的知遇之恩，但内心也有说不出的苦闷。李白胸怀大志，以拯救天下苍生为己任，皇帝却只把他当文学侍从看待。李白心里非常不满，却无可奈何。因此他经常去长安酒店里喝酒解闷，也因此结识了许多朋友，后来杜甫在《饮中八仙歌》中把他们称作"饮中八仙"。他们是李白、贺知章、李适之、李琎、崔宗之、苏晋、张旭、焦遂。这八个人从王侯将相到

◎唐玄宗李隆基像

平民布衣,各种身份的人都有。尽管身份不同,在酒面前他们却是平等的。这七个人都是李白的酒中知己。

直到后来,李白因为卷入了永王的叛乱而流放夜郎,在这人生的最低谷,他也没有忘怀自己早年醉卧长安的岁月。他在一首名为《流夜郎赠辛判官》的诗中这样回忆当年在长安的生活:

昔在长安醉花柳,五侯七贵同杯酒。

气岸遥凌豪士前,风流肯落他人后。

夜郎在今天的新晃侗族自治县,至今这儿还是很偏僻的地方,唐代更是荒凉。李白被流放到那种地方,可以说是九死一生。但李白并没有悲观,那些在长安与朋友畅饮的开心时光是李白寂寞旅途最好的伙伴。

在任翰林学士的时候,李白就因酒而留下了很多美谈。一天,唐玄宗对高力士说:"这样的良辰美景,哪能仅仅听听音乐呢,如果有高才的人写首诗来赞美一下,足可以让后人无限羡慕。"于是皇帝命人召李白进宫。当时李白正在宁王府中饮酒,已经喝得酩酊大醉了。李白来到宫中,酒还没有完全醒,走路还是摇摇晃晃的。李白向皇帝行礼,说:"宁王赐给臣酒喝,现在微臣已经醉了。请陛下赐臣无罪,我才可以放开胆量作诗。"唐玄宗答应了。李白因为喝醉了身子不稳,皇帝就命两个太监搀扶着他,皇帝还让人将笔墨纸砚都给准备好。李白略加思索,拿起笔来一挥而就,一首首华美的诗歌就从笔端流出来了。唐玄宗本人的艺术素养就不低,他看到李白这么快就可以写出优美的诗篇,赞叹不已。

还有一次,唐玄宗正与杨贵妃在御花园中赏牡丹,让一帮梨园子弟奏乐。皇帝与杨贵妃畅饮美酒,十分开心。杨贵妃自然是会喝酒的,要不怎么会有"贵妃醉酒"的典故呢。皇帝心想,对着美若天仙的杨贵妃,观赏着艳丽的牡丹花,再唱以前的词不合适,应该让人填写新词。于是唐玄宗让人传令李白进宫。此时的李白正在长安的酒肆上喝得酩酊大醉,来找李白的官员也就不管他是醉是醒了,半推半拉地将李白弄到了皇帝身边。唐玄宗对李白十分看重,有资料记载了两个有趣的细节,真实性很可疑,兹摘录于下以飨读者:

李白骑在马上两眼紧闭,酒还没有醒。唐玄宗亲自来到李白身边,见李白口流涎沫,皇帝用自己的袖子抹去李白吐出的东西,这就是历史上有名的"龙巾噬吐"的典故。还有的资料说皇帝亲自为李白喂醒酒汤,历史上叫"御手调羹"。这些都是后人的美好想象了。李白酒醒后毫不费力便写出了名垂千古的《清平调》三首。

酒有时候可以成为文人的兴奋剂,酒后的文人写出的诗常常比平时写出的更优美。李白成为诗仙,他的诗歌飘逸灵动,酒是起到一定的作用的。有一则材料记载了李白的另一个绰号,那就是"醉圣"。

李白每大醉为文,未尝差误,与醒者语,无不屈服,人目为醉圣。

笔记小说《开元天宝遗事》关于李白"醉圣"的称呼有相似的记载。

李白嗜酒,不拘小节。然沉酣中所撰文章,未尝错误;而与不醉之人相对议事,皆不出太白所见。时人号为"醉圣"。

这则材料中的提到的"文章"自然包括诗,李白在醉中写的文章没有什么错误,一方面固然是李白才情的高妙,另一方面也得力于酒的催化。

可见李白擅长酒后为文,这是当时许多人的共识。

李白爱喝酒,他有时候觉得很对不住自己的夫人,就写了一首很俏皮的《赠内》诗给自己的夫人。

> 三百六十日，日日醉如泥。虽为李白妇，何异太常妻？

文学家说的话都是要打折扣的，这首诗也是这样，李白是不可能一年到头都烂醉如泥的。他是在跟自己的妻子开玩笑，因为自己爱喝酒，他对自己的妻子感到有些抱歉。"太常妻"用的是东汉人周泽的典故，指经常见不到丈夫的妻子。这首诗一方面表达了李白对妻子的愧疚之情，另一方面也包含了对妻子理解自己的欣慰之情。

李白被皇帝赐金放还后畅游齐鲁，遇到了杜甫，二人结下了深厚的友情。李白、杜甫，一个诗仙，一个诗圣，他们的相遇是唐代文化的幸事，也是中国文学的幸事。二人一块游览名胜古迹，一块畅饮，日子过得十分爽快。当时的杜甫还没有日后的名声，他是将李白作为诗坛前辈来尊敬的，他在《与李十二白同寻范十隐居》中形象地描述了两个人的亲密关系："余亦东蒙客，怜君如弟兄。醉眠秋共被，携手日同行。"两人白天携手同行，喝醉酒后同榻而卧，这种友谊让人神往。俗话说"文人相轻"，这句话在别人身上或许合适，但用在李白与杜甫身上是不合适的，他们两个一直是相互欣赏和尊敬的。

杜甫在《赠李白》中写道：

> 秋来相顾尚飘蓬，未就丹砂愧葛洪。
> 痛饮狂歌空度日，飞扬跋扈为谁雄？

飘蓬是一种草本植物，叶子与柳树叶长得差不多，开白色小花，这种植物在风中随风飘荡。飘蓬多用来了形容人的行踪飘忽不定。当时李白、杜甫都在仕途上失意，没有什么固定的归宿，两人的命运都与飘蓬差不多。葛洪是东晋著名的道士，擅长炼丹，李白、杜甫在道教修为方面都没有什么成就，所以觉得"愧葛洪"。"痛饮狂歌空度日"，杜甫概括了李白的生活,这是十分准确的。杜甫不仅知道李白爱喝酒,更明白李白喝酒是因为心中有难言的痛,他每天痛饮美酒无非是为了消磨日子,在酒精的麻醉中暂时忘记自己的痛苦。可见,杜甫不愧是李白的人生知己。

两人分离后再也没有见过面,杜甫写了许多怀念李白的诗歌,他对李白与酒的关系有着极为深刻的认识,他在《不见》这首诗中写道:"敏捷诗千首,飘零酒一杯。"杜甫不仅是李白的诗中知己,也是李白的酒中知音。李白得遇杜甫,何其幸也!

李白乘舟将欲行,忽闻岸上踏歌声。

桃花潭水深千尺,不及汪伦送我情。

这首《赠汪伦》是李白流传最广的诗篇之一,汪伦是什么人,他与李白是怎么认识的,这些没有具体的资料记载。后代的文人发挥自己大胆的想象,编写了一个关于友情的优美故事。

据说汪伦是位隐士,喜欢交朋友,他的家离桃花潭很近。他久仰李白的大名,很想结识他,就给李白写了一封信:"先生好游乎? 此地有十里桃花。先生好饮乎? 此地有万家酒店。"汪伦的这封信十分对李白的胃口,李白除了爱酒之外,另一大爱

◎ 清康熙汪伦送李白青花人物盘

好就是旅游,用他自己的诗来说是"五岳寻仙不辞远,一生好入名山游"。李白抱着观桃花、饮美酒的愿望来了,却没有见

到什么桃花。汪伦对李白解释道:"十里桃花指的是十里外的桃花渡;万家酒店指的是桃花潭西有家姓万的人开的酒店。"李白听了汪伦的解释后,大笑不已,他明白了汪伦对自己的深情。李白与汪伦成了很好的朋友,两人在一起痛饮美酒,十分开心,过了好多天,李白才依依不舍地离开。李白走的这一天,汪伦来到渡口相送,李白感慨万千,写下了名垂千古的《赠汪伦》。

李白的爱酒是发自内心的,他的酒友多种多样,他可以与王侯将相喝酒,也可以与布衣平民喝酒。因为酒,李白与一位酿酒的老师傅结下了深厚的友情,老师傅去世后,李白还写了一首诗怀念他,这首诗的名字叫《哭宣城善酿纪叟》。

纪叟黄泉里,还应酿老春。夜台无李白,沽酒与何人?

这首诗没有什么华丽的辞藻,明白如话,但这首诗蕴涵的感情却是真挚而深厚的。李白在诗中说,这位酿酒的老人家在黄泉之下肯定还会再酿酒,只是没有了李白这样的酒客,你造酒又可以卖给谁呢?李白是这位酿酒老人的知己,李白认为别的人根本不能欣赏这位老人家酿出的美酒,好像姓纪的这位老人家在专门为李白一个人酿酒。这位老人家有诗仙这么一位知己,定可以含笑九泉了。

后人不能接受伟大李白平凡死去的结局,就杜撰了一个李白"入水捉月,骑鲸升天"的浪漫故事。李白是太爱酒了,后人让他的死也与酒密不可分,让酒伴随他的一生。正如郭沫若先生所说:"李白真可以说是生于酒而死于酒。"

◎《李白骑鲸》雕塑

传说李白在长江边的采

石矶上喝醉了酒,看到水中的明月亮得耀眼,诗人喝醉了,以为天上的月亮掉进了水里。李白最爱月亮,他的诗中出现最多的意象之一也就是月。他看到心爱的月亮掉进了水中,就想将它捞起来,纵身一跃跳进了江中。这时有一条鲸鱼从江中飞跃而起,天空中仙乐缭绕,一代诗仙骑鲸上天了。

李白好酒的名声与他的诗歌一样,都在后世有着广泛的影响,后世许多人都想有李白这样的酒友。唐伯虎是明朝的著名画家,他与祝枝山、张梦晋等人都狂放不羁。唐伯虎曾经与朋友在下雪天扮作乞丐乞讨,讨来的钱全部换成了美酒,他与朋友们在野外的寺庙中痛饮,他们一边喝一边感慨道:"咱们饮酒的快乐可惜李白不知道!"若真的可以时光穿梭的话,唐伯虎一定会成为李白的酒中密友。何止唐伯虎,谁不想陪李白喝酒啊。写作《长生殿》的著名戏剧家洪升是喝醉酒后掉进水中淹死的,这与传说中李白的死何其相像啊。

第二节 饮酒不愧天

太宗雅量

若要列举中国历史上最伟大的皇帝,唐太宗李世民肯定是候选人之一。他继位后与民休息,爱惜百姓,开创了中国历史上有名的"贞观之治"。李世民是一位雄才大略的皇帝,同时他也是一位爱酒的皇帝。

◎ 唐太宗李世民像

　　说起自来水,大家都不陌生,若提到"自来酒",许多人肯定会不明所以。古人饮酒,经常花样翻新,在唐代尤其是这样。"自来酒"就是唐代宫廷的饮酒新花样。所谓"自来酒",是指美酒可以通过管道像水一样源源不断地流到酒宴上,流淌到客人的杯子里,很像今天的自来水。唐太宗特别喜欢用这种方式宴请群臣,他真是一个可爱的爱酒皇帝。他不仅用这种"自来酒"宴请群臣,还用它来招待少数民族同胞。少数民族同胞一般都特别擅长饮酒,但是遇到大唐这种源源不竭的"自来酒"之后,也只能甘拜下风。

　　第一次招待的是来为朝廷进献礼品的回纥使臣,时间是贞观三年(公元629)。大殿前临时搭起一个高站台,台上放着一个巨大的银瓶,大殿左方埋有地下管道。美酒通过管道直通台下,再往上涌入大银瓶中。银瓶下方也设有管道,通过管道,美酒流入客人的酒杯中。这场酒宴的规模是空前的,当时赴宴的游牧部落使团有好几千人,他们对大唐皇帝热情周到的接待十分感激,几千位酒量惊人的少数民族同胞敞开肚皮喝。喝到最后,却还有一半的酒没有喝完。十年后,唐太宗又举办了第二次这样的酒会,招待北方游牧民族首领。"自来酒",正是大唐气象的一个缩影。

　　李世民不仅喜欢举办酒会,他还喜欢品尝自己臣子酿的美酒。魏征是李世民的重臣,他直言敢谏,经常帮助皇帝改正错误、弥补过失,李世民很敬重他。魏征还有一项绝活,那就是酿酒,他酿的酒还不是一般的酒,而是葡萄酒。葡萄非中土所产,张骞通西域后才流传到中土。在唐代葡萄仍然是少数人才能够享受到的稀罕物,葡萄酒就更属珍品了。魏征酿酒的手艺丝毫不亚于他的治国才能,李世民喝过他酿制的葡萄酒后十分陶醉,写诗赞美道:

醽绿胜兰生,翠涛过玉薤。千日醉不醒,十年味不败。

◎ 魏征像

"兰生"是汉武帝时一种美酒的名字,"玉薤"是隋炀帝时一种美酒的名字,唐太宗认为魏征酿的葡萄酒比历史上的这两种名酒都更胜一筹。"千日醉不醒",虽然是夸张的说法,却也说明酒的品质高;"十年味不败",说明酒味醇厚,经久不散。李世民与魏征不仅是相互敬重的君臣,还是亲密无间的酒友。当时葡萄酒酿造最发达的地方是西域,魏征是如何学会这门手艺的,就不得而知了。

唐太宗有一场酒会与房玄龄的夫人有关,这次酒会还诞生了一个典故:"吃醋"。

房玄龄是唐太宗最得力的谋士,他追随唐太宗三十多年,立下了无数汗马功劳。唐太宗为了犒赏劳苦功高的房玄龄,决定赏赐给他几名美女。可是令皇帝意想不到的是,房玄龄居然推辞不受。原来,房玄龄的夫人非常泼辣,房玄龄很怕自

◎ 房玄龄像

己的夫人,所以不敢接受皇帝的赏赐。唐太宗听后很生气,让人把房夫人传进宫来,决定好好地教训她一下。

房夫人一进门,太宗责备她说:"你也太过分了吧,朕赐给房爱卿几个美女,你也敢不让他接纳?"房夫人说:"老贼以前混得不好的时候,我都没有一丝怨言。现在发达了,就想宠爱别的女人,门儿都没有!"皇帝大怒,让人端来一杯毒酒,威胁房夫人,如果她改不掉嫉妒的毛病,就用毒酒赐死她。哪想她二话没说,一扬脖子就把毒酒喝光了,喝完就回家等死。太宗目睹此景后目瞪口呆。当然,房夫人没有死掉,因为她喝的不是毒酒,而是醋。太宗无可奈何,只得对房玄龄说:"你的夫人连死都不怕,朕也无能为力了,你只能怪你自己没有艳福了。"

明皇风流

唐代的皇帝除了太宗李世民外,要数唐玄宗李隆基的名声最大了。他也是个懂酒、爱酒的君王。《太平广记》记载了一个关于唐玄宗的故事,大意是这样的:

唐玄宗还是藩王的时候,经常在长安城南游玩,有一次他与手下在外面打猎,玩得很开心,天都已经很晚了还没有回去。李隆基和他的随从又渴又饿，十分疲倦，只得暂时在村中的一棵大树下休息。这时有个书生邀请李隆基去他家里做客，李隆基很高兴，跟随书生到了他家里。书生家徒四壁，十分穷困，家里除了妻子之外就只有一头驴了。把李隆基请到家里后，书生就将驴子杀掉，还准备了美酒招待他。李隆基觉得这个书生磊落不凡，出语惊人，就与他开怀畅饮起来。这个书生就是后来玄宗的重臣王琚。以后，李隆基每次出来游玩的时候都要来王琚家，王琚说的话都很合他的心意。后来，李隆基用王琚的谋略灭掉了专权的韦皇后，王琚也因此当了大官。

白屋里的一次邂逅小酌，让李隆基得到了大臣王琚；王琚也因为一次小酌，改变了自己的命运。酒，成了唐玄宗与王琚君臣遇合的纽带。

登基之后的李隆基，风度更是不减反盛。有一次他登楼眺望渭水，看到一位喝醉酒的人倒在河边，就问那个人是谁。擅长讲笑话的黄幡绰应声答道，是个将要任满的令史。玄宗感到很奇怪，就问他是如何知道的，黄幡绰回答说："他再经过'一转'，就可以'入流'了，所以臣说他是令史呀。"他的意思是说，这个人喝醉了酒，再一转弯就会掉进河里去。这里还涉及一个和令史这个官职有关的掌故。原来按照唐朝的官制，令史是隋唐中央机关非正式编制的办事人员，按现在的话讲就是临时工。古代官制规定：九品之上的叫"流内"，九品以下的叫"流外"，常用的"不入流"的典故就是从这里来的。令史，只要升一级，就可以"入流"，成为正式的官员了。那位喝醉酒的仁兄身子"一转"，就可以"入流"了，不过可不是当什么官，而是进入渭水了。

女皇诗酒

武则天是中国历史上唯一的女皇帝,她虽然将大唐的国号改为"周",后世的历史学家还是将她作为唐朝的统治者看待。武则天是一位爱好文艺的人,她经常举办酒宴招待文学家,有时候还在酒宴上品评诗人作品的高低。她的酒宴,还有李世民酒宴的遗风。

武则天有一次在龙门这个地方举办了一个酒会,到会的都是些诗人,诗人们一边喝酒一边作诗,兴致很高。武则天规定,谁的诗歌写得又快又好,谁就可以得到一领锦袍。诗人们一听作诗还有奖赏,都绞尽脑汁地思考了起来。左史东方虬憋足了一口气,第一个交卷,获得了锦袍,高高兴兴地穿在身上。东方虬交卷后不久,宋之问也交卷了,武则天一看,宋之问的速度虽然比东方虬慢了一点儿,诗歌的质量却不可同日而语。女皇龙颜大悦,马上命人将锦袍从东方虬身上剥下来,转赐给宋之问。可怜的东方虬,锦袍在身上还没捂热乎呢,落了个竹篮打水一场空。

◎ 武则天像

大酺解酒禁

古代是农业社会,百姓是不允许经常聚会饮酒的,因为这样既会耗费粮食,又会损害正常的农业生产。古代的皇帝就经常通过一种叫"大酺"的形式,暂时解除对百姓的酒禁。大酺,有时候也称为赐酺,是皇帝在遇到改朝换代、册立太子、册封皇后、公主出嫁、天降祥瑞的事情时,特许百姓聚饮的日子。大酺,起源于秦朝,在唐代最为盛行。

唐代的许多皇帝都举行过大酺,这里列举几例:公元694年五月,武则天加尊号为"越古金轮圣神皇帝",大酺七日;公元696年,武则天加尊号为"天册金轮圣神皇帝",大酺九日;唐中宗女儿安乐公主出嫁,大酺三日;开元三年春正月,玄宗立皇太子,大酺三日;唐玄宗加尊号为"开元圣文神武皇帝",大酺五日;唐睿宗时,李渊旧宅的一株在天授年间枯死的树,又重生了,大酺三日。大酺的日子里,皇帝有时还会召集百姓进宫,共饮美酒,以示与民同乐之意。大酺日,整个大唐都漂在了酒的海洋里。

第三节 诗酒风流

旗亭画壁

旗亭是汉代市场内的标志性建筑,也称为市亭、市楼。它之所以被称为旗亭,是因为上面高悬旗帜作为标志。后来旗亭也常用来代指酒楼。

酒楼外面经常会挂酒旗,酒楼的门上还有酒联,这都有招揽顾客的作用。《水浒传》中武松在景阳冈前面喝酒的那家酒店上书"三碗不过冈"几个字的,就是酒旗;唐代的诗人皮日休专门有一首写酒旗的诗,诗的名字就叫《酒旗》,全诗如下:

青帜阔数尺,悬于往来道。多为风所飐,时见酒名号。

拂拂野桥幽,翻翻江市好。双眸复何事,终竟望君老。

这首诗前几句十分形象地概括了酒旗的样子、功能等,对酒旗做了一个初步的介绍。

酒联的作用与酒旗是相似的,都有广告的作用。但酒联这种广告是一种雅广告,它是对联的一种特殊形式,只有文化修养很高的人才能够撰写出精美的酒联。让我们来看几副唐代的酒联吧。

沽酒客来风亦醉;卖花人去路还青。

入座三杯醉者也;出门一拱歪之乎?

铁汉三杯脚软,金刚一盏头摇。

上面举的三副酒联质量都是上等的,它们都紧扣"酒"字,点出了酒的功能。

五斗先生

王绩(约公元590—644),字无功,号东皋子,绛州龙门(今山西河津)人,隋末唐初著名的诗人。王绩性格狂放,嗜酒如命,酒量可饮五斗,他仿陶渊明《五柳先生传》作《五斗先生传》,此外还撰写了关于酒的《酒经》《酒谱》等著作。王绩在带有自传性质的散文《五斗先生传》中,写下了自己对酒的

118

看法,全文如下:

　　有五斗先生者,以酒德游于人间。有以酒请者,无贵贱皆往,往必醉,醉则不择地斯寝矣,醒则复起饮也。常一饮五斗,因以为号焉。先生绝思虑,寡言语,不知天下之有仁义厚薄也。忽焉而去,倏然而来,其动也天,其静也地,故万物不能萦心焉。尝言曰:"天下大抵可见矣。生何足养,而嵇康著论;途何为穷,而阮籍恸哭。故昏昏默默,圣人之所居也。"遂行其志,不知所如。

　　五斗先生,因为酷爱喝酒而游戏于人世间。只要有人愿意请他喝酒,不论请他喝酒的人的身份高低贵贱,他都要欣然前往。他每次参加酒会,一定会喝醉,喝醉后根本不管什么地方都可以倒地就睡,睡醒后则继续开怀畅饮。他经常一喝就是五斗,因此用"五斗"作为自己的别号。五斗先生不想烦心事,寡言少语,不知道天下的仁义道德与人情冷暖。他忽而离开,忽而回来,他的行为符合天地运行的自然规律,所以世间的一切事物都不能缠绕住他的心。他曾经说:"天下的道理大致都已经见了分晓。人生如何能够保养,嵇康撰写了《养生论》;道路怎么会穷尽呢,阮籍却要恸哭流涕。所以,故作糊涂,这是圣人的行事态度。"于是他一直按照自己的志向行事,最后不知去向。

　　其实,喜欢喝酒的文士经常是因为心中有难以言说的痛苦,王绩也是如此。他是对现实的一切太失望了,才采取了道家顺应自然的人生态度,他可以说是一位隐于酒的隐士。

　　王绩的一生都与酒相关,酒是他一生的最爱。

　　王绩从小就聪明异常,是一位早熟的天才儿童。隋朝开皇二十年(公元600),年仅十五岁的王绩拜见权倾朝野的宰辅重臣杨素,被在座的百官称为"神仙童子"。隋大业元年(公元605),举孝廉,被授予秘书正字的官职。这时他才二十岁,正是年轻有为的时候,本应该有很好的仕途,但他生性狂傲,我行我素,竟然主动放弃了让无数人艳羡不已的朝官身份。他后来出任扬州六合县县丞,又因为饮酒过度而荒废政务,被人弹劾,解职还乡。这时正是隋末天下大乱的时候,他不问世事,隐居山间,经常与一位叫仲长子光的隐士一起饮酒赋诗,过着逍遥自在的日子。

王绩性情旷达,爱酒如命。唐武德八年(公元 625),朝廷征召前朝官员,王绩以原官待诏门下省。按照当时门下省的惯例,一天给官员美酒三升。他的弟弟王静问他对这个官职的看法,他说:"待诏这个官职俸禄微薄,唯一让人留恋的就是给官员的那三升美酒。"王绩的上司陈叔达听说后,一点也不生气,反而说,看来美酒三升很难留得住这位高才啊。陈叔达决定为王绩开小灶,将三升酒变成了一斗酒。于是当时人们都称王绩为"斗酒学士"。

贞观初年,王绩听说太乐署里的一个叫焦革的小官擅长酿酒,于是自请去那里任职。吏部当时不同意他的请求,但经不起他软磨硬泡,最后只得还是同意了他的要求。焦革擅长酿酒,王绩擅长喝酒,两个人珠联璧合,成了酒中知己。王绩在品尝美酒的同时还向焦革学习造酒的技术,在焦革这位良友加名师的指导下,王绩自己的酿酒手艺也有了很大的提高。焦革去世后,他的妻子继续为王绩酿酒,不幸的是过了一年多,焦革的妻子也离开了人世。王绩痛失两位酒中知己,十分伤心,因为他在太乐署再也喝不到美酒了,于是辞官回乡。

王绩回到家乡后自己酿酒,整日请朋友开怀畅饮。他把良友焦革传授的酿酒经验整理成著作,写成《酒谱》一卷,用这种方式表示对自己朋友的永恒怀念。他在所居之地东皋为酒神杜康建造了祠庙,将自己的朋友焦革也供奉在庙中,并撰写了《祭杜康新庙文》。

王绩主要是以一个诗人的身份出现在文坛上的,他在许多诗篇中提到了酒。以他的一首《戏题卜铺壁》为例:

旦逐刘伶去,宵随毕卓眠。不应长卖卜,须得杖头钱。

这首诗歌中提到的刘伶、毕卓都是因为饮酒而出名的人,王绩要日夜与这两个人为友,整日沉醉于醉乡中。"杖头钱",是个典故,指的是酒钱。这首诗后两句话的意思是说:本来不应该那么长时间地为人卜卦的,只是想赚些酒钱罢了。

另《醉后》是这样说的:

阮籍醒时少,陶潜醉日多。百年何足度,乘兴且长歌。

阮籍、陶潜是中国文学史上有名的诗人,他们都是以善饮闻名的,王绩要与这两位前辈一样沉醉于杯中物,不问世事。这样的生活一百年也不够,当借酒兴高歌一曲。

滕王阁雅集

王绩出身文学世家,他的一个兄弟是隋末唐初的著名大儒王通,一个哥哥是写出著名传奇《古镜记》的王度。他还有一个大名鼎鼎的侄孙,那就是初唐四杰之一的王勃。王勃不仅继承了王绩的文学才能,还继承了他爱酒的雅趣。

"腹稿",现在成了一个耳熟能详的典故,指预先想好但没有写出来的文稿,许多著名的作家创作时都会打腹稿,但很少有人知道这是一个与酒有关的典故,而且

◎ 王勃像

这个典故还是关于王勃的。《新唐书·王勃传》是这样记述这个典故的：

> 初不精思，先研磨数升，则酣饮，引被覆面卧，及寤，援笔成篇，不易一字，时人谓勃为腹稿。

王勃刚开始写东西的时候并不精心地思考，先准备好笔墨纸砚，然后痛饮美酒，喝完酒后就蒙头大睡。醒来后，挥笔就写，而且笔不停辍，文不加点。因为酒刺激了王勃的创作灵感，让他文思泉涌，下笔如神。

王勃最令人称道的，莫过于他的《滕王阁序》。这篇序文不仅是王勃的代表作，也是中国骈文史上首屈一指的作品。王勃这篇盖世奇文的写作，也是与酒脱不了关系的，因为这篇序文也是在酒会上完成的。关于《滕王阁序》的由来，唐末王定保的《唐摭言》有一段生动的记载。

阎伯屿是洪州的最高长官，一天，他在滕王阁上大宴群僚，王勃去探望父亲的路上恰好经过滕王阁，就应邀参加了这场酒会。滕王阁酒会因为王勃而名传千古，当初的举办者早就被人们淡忘了。

有酒会自然会有诗文唱和结集，有诗文结集自然需要为集子撰写序文。阎伯屿自然是谙熟这个规矩的，于是他让自己的女婿孟学士提前写好序文，并牢牢背过，在第二天的酒会上就可以立马写成，好借此成名。所以在酒会上，阎伯屿假意谦让，问谁有大才可以写篇序文时。别的参加宴会的人都知道他的用意，都以自己才疏学浅为由推脱。阎伯屿正想让自己的女婿动笔的时候，王勃站出来说自己要写。这真是半路上杀出个程咬金，阎伯屿内心的郁闷可想而知。他生气地离开了酒宴，到旁边的一个房间里去了，但他又忍不住想知道王勃要写些什么，于是让人传话给自己。当有人将王勃序文的开头"豫章故郡,洪都新府"告诉他的时候,他觉得这不过是老生常谈,没有什么新鲜的。当听到"台隍枕夷夏之郊,宾主尽东南之美"的时候,阎伯屿开始沉吟不语。当传话人告诉他"落霞与孤鹜齐飞,秋水共长天一色"的时候,阎伯屿大惊失色,禁不住高呼:"写出这么优美句子的人肯定是天才,这篇序文也肯定可以流传千载!"阎伯屿忙走到王勃身边看他继续写,王勃每写几句,他都赞叹有加。写完后,阎伯屿请王勃参加酒宴,两人开怀畅饮,非常开心。

这场酒会注定会名垂青史,它不仅让我们见识了王勃的大才,还让我们见识了阎伯屿的气度,更重要的是这场酒会让我们见识了大唐的文采风流!

会须一饮三百杯

提起唐代爱喝酒的诗人,人们首先想起的就是李白,只因为李白的饮酒实在是太有名了。其实,唐代其他诗人的身上也是散发着酒香的,杜甫、高适、孟浩然等人无不如此。杜甫、孟浩然最后甚至以身殉酒,怎能不让人感慨系之!

"会须一饮三百杯",李白的这句话适用于大唐的许多诗人。可以说,唐诗是泡在酒中的绝唱!

杜甫(公元712—770),字子美,号少陵野老,后世又称为杜工部,是中国历史上伟大的现实主义诗人,后人尊称他为"诗圣"。杜甫现存诗歌一千四百多首,其中说到饮酒的就三百多首,大约占到了百分之二十一。这足以说明杜甫也是个好酒之人,有的学者认为他爱酒的程度丝毫不亚于他的朋友李白。

杜甫十四岁就开始喝酒,酒龄有四十多年。他在一首名

◎ 杜甫像

为《壮游》的诗中写道："往昔十四五，出游翰墨场……性豪业嗜酒，疾恶怀刚肠……饮酒视八极，俗物多茫茫。"杜甫从小就心高气傲，喝了酒之后，更是对碌碌"俗物"看不上眼。杜甫的日子过得很清寒，经常连饭也吃不上，但他对酒的嗜好却一点都没有改变，晚年还有越来越甚的趋势。"朝回日日典春衣，每向江头尽醉归。酒债寻常行处有，人生七十古来稀。"杜甫晚年酒瘾越来越大，经常要靠典当衣服买酒喝，他与"五花马，千金裘，呼儿将出换美酒，与尔同销万古愁"的李白在喝酒这一点上还真难分伯仲。杜甫还留下了"莫思身外无穷事，且尽生前有限杯"的千古佳句，这句话一点也不比李白的"且尽生前一杯酒，何须身后千载名"逊色。两人不只是诗中知己，更是酒中知己。

郑虔是一位百科全书似的人物，诗、画、书法、音乐、医学、兵法、星相等都很精通，他是杜甫的朋友，也是酒友。他家里很穷，但酒瘾很大，经常向朋友借钱买酒，这一点和杜甫也很相像。杜甫在一首名为《醉时歌》的诗中描写了他们一起喝酒的情形："得钱即相觅，沽酒不复疑。忘形到尔汝，痛饮真吾师。"这几句话的大意是：如果有一个人有了钱，就会毫不迟疑地买酒请对方共饮，两个人喝到兴头上的时候经常会忘记形骸。郑虔的酒量很大，杜甫认为在酒量方面郑虔可以当自己的老师。这首诗的最后两句是："不须闻此意惨怆，生前相遇且衔杯。"说只要活着一天，两个人就要痛饮一天，这真可谓是酒中知己了。

杜甫爱酒如命，最后竟然死在了酒上，这个故事记载在唐代郑处晦的《明皇杂录》中。一年夏天，杜甫因避乱想去衡州，但半路上遇到了大水，船只只得停在一个叫方田驿的地方，杜甫因为没有食物挨了好几天的饿。有位姓聂的县令知道后，派人给诗人送去了牛肉、白酒。有肉有酒，再加上已经饿了好多天，杜甫的胃已经很虚弱了，但看到美酒他已经顾不得那么多了，由于杜甫喝了过多的白酒、吃了过多的牛肉，被胀死了。爱酒的杜甫死于酒，虽然不及李白捉月乘鲸来得浪漫，却也算是另一番风流了！

孟浩然（公元 689—740），唐代襄州襄阳（今湖北襄樊）人，世称孟襄阳，又因为他终生没有做官，又称为孟山人，他与王维并称为"王孟"，是中国文学史上著名的山水田园诗人。

孟浩然是一位嗜酒如命的人，他留下了许多关于酒的优美诗句，如"达是酒中趣，琴上偶然音""开轩面场圃，把酒话桑麻""谁道山公

◎ 孟浩然像

醉，犹能骑马回"等。王士源的《孟浩然诗集序》《新唐书·孟浩然传》等资料都记载了下面这样一个故事：

山南采访使韩朝宗很欣赏孟浩然的才华，要带他同赴长安，准备向朝廷推荐他。韩朝宗为了替孟浩然造声势，先走了

一步,他们约好了某一天一起进朝廷。到了约定的那一天,孟浩然恰巧遇到了老朋友,两人就进了酒楼,推杯换盏起来。当时有人提醒孟浩然跟韩朝宗约定的事,正喝到兴头上的孟浩然很不以为然,说:"现在正喝着酒呢,先高兴着再说,哪里还有闲心思管其他的事情?"韩朝宗左等右等不见孟浩然,非常生气,就打消了向朝廷推荐他的念头。

孟浩然因贪爱杯中物,辜负了韩朝宗的厚爱,还真有点"烂泥扶不上墙"的意思,他宁可为了酒而放弃美好的前程,可见的确是个淡泊功名、放浪形骸的人。

孟浩然嗜酒如命,最后竟真的因饮酒而死。开元二十八年,王昌龄到襄阳游玩,拜访了孟浩然,两位朋友相见甚欢。当时孟浩然背部有病,医生已经给他医治得差不多了,医生告诫他不能喝酒,不然病可能复发。遇到了老朋友,孟浩然早把医生的叮嘱抛到了九霄云外,又痛饮起来,结果旧病复发,死掉了。孟浩然以身殉酒,真当得起"爱酒如命"一词了。

◎ 元稹像

元稹(公元 779—831),字微之,别字威明,唐代著名的诗人,他与白居易并称"元白"。他有一首《赠黄明府》的诗歌,里面有这么几句话:

昔年曾痛饮,黄令困飞觥。席上当时走,马前今日迎。依稀迷姓字,积渐识平生。故友身皆远,他乡眼暂明。

这首诗背后还有一个很有意思的故事:元稹和他的好朋友白居易一样,酷爱饮酒,他经常在酒会上负责监酒。有一次他在一名姓窦的官员府里饮酒,有一个人来晚了，又屡次违背了酒会上定下的规矩，元稹连着罚了他十几杯酒，这个人实在喝不下去了，只好中途逃席而去。元稹在这场酒宴上也喝醉了，醒来后向旁人打听，才知道逃席而去的是虞乡的黄丞。这场酒会后，元稹再也没有听到过这位姓黄的官员的消息。元和四年三月，元稹奉命出使东川，十六日这天到了褒城这个地方，这个地方有许多大的亭台楼阁，风景美不胜收。不久，有一位姓黄的官员过来欢迎元稹，元稹觉得这位官员十分面善，好像在什么地方见过。详加追问之下，才知道这个人就是以前在酒宴上逃席而去的那位黄丞。元稹提起往事，这位官员才恍然大悟。于是就请元稹一起喝酒，两人喝得十分愉快。元稹酒后写了《赠黄明府》这首诗赠给他，以纪念两个人的传奇经历。

元结（公元719—772），字次山，号漫叟、聱叟，杜甫对他的诗歌《舂陵行》《贼退示官吏》赞赏有加。元结酷爱饮酒，他有一首诗句是"有时逢恶客"，他怕别人不懂什么是"恶客"，自己就做了一个解释。原来，在元结的眼中，凡不会喝酒的人都是"恶客"。遇到这种不会喝酒的人，诗人自然没有什么好心情。

罗隐（公元833—909），字昭谏，新城（今浙江富阳区新登镇）人，晚唐著名诗人。他也是个爱酒的人，写下了许多关于酒的优美诗篇。"今朝有酒今朝醉，明日愁来明日愁"这句妇孺皆知的诗句，作者就是罗隐。

罗隐久试不第，心情十分郁闷，看人都不顺眼，就算路上遇到个陌生人，他都想写诗把人家给讽刺一下。他早年在钟陵这个地方游玩，在酒宴上认识了一位叫云英的官妓，两个人喝得很高兴。十二年后，罗隐故地重游，再次来到了钟陵这个地方，这时的他惶惶如丧家之犬，令人想不到的是他在酒席上

◎ 罗隐像

又遇到了这位官妓。云英嘲笑他说，十二年过去了，你还没有考上啊。罗隐这时已经有了些酒意，当场赋诗一首赠给她，全诗如下。

钟陵醉别十余春，重见云英掌上身。我未成名君未嫁，可能俱是不如人。

罗隐用诗的形式给老朋友开了个玩笑：十二年后你都没有嫁出去，可见咱们的命运是差不多的啊。罗隐在这首诗中不仅嘲弄云英，而且自嘲，诗中蕴涵着辛酸的滋味。

罗隐因为饮酒，还损失了一个如花似玉的媳妇，这场酒的代价也太大了。原来罗隐曾将自己的诗歌献给宰相郑畋。宰相有位聪明美丽的女儿，没事的时候也喜欢作诗。她偶尔从父亲那里读到罗隐的诗，读到"张华漫出如丹语，不及刘侯一纸书"的时候，对罗隐顿生崇拜之情，立志非此人不嫁。有一天，罗隐来她家拜访，她非常高兴，就躲在帘子后面偷看罗隐。结果罗隐上了酒桌就把持不住，醉得一塌糊涂。郑小姐看到他酒后没出息的样子后，就打消了嫁他的念头。

唐末时候，天下大乱，兵戈不休。罗隐与隐居华山的郑云叟天天对饮，其乐陶陶，两人在酒香中过着不知日月的日子。罗隐是著名的才子，参加了十次科举考试都没有博得一第，不可谓不命薄了。郑云叟本来也有济世之志，他和罗隐一样参加了多次科举考试,但都失败了。后来,郑云叟抛妻弃子,带一琴一鹤,在华山等名山隐居起来。后来朝廷屡次征召他,他都拒绝了。唐末大乱的现实,两人相似的不得志经历,这些共同的因素使罗隐与郑云叟成了好友,两人经常在一起痛饮美酒,谈天说地。某次,喝得正有兴致的时候,两个人联句为乐,郑云叟的起头是"一壶天上有名物,两个世间无事人",罗隐的对句为"醉却隐之云叟外,不知何处是天真"。这对联句也在文人间传为美谈。

🌥 般若汤与曲秀才

酒是僧家的首要的戒律,历史上的高僧也多是严守戒律,但他们的名字不为一般人所熟知,为大家耳熟能详的却是爱酒的和尚,比如鲁智深、济公等。佛教徒对酒有一个雅称,那就是"般若汤"。

原来《释氏会要》里记载了这样一个故事:唐代长庆年间,有位游方僧人到寺庙里借宿,一进寺院门,就让寺里的和尚取酒来。庙里的和尚怪他不守戒律,将他的酒瓶砸到柏树上摔碎了。这位游方僧人对庙里众僧解释他要酒喝的原因,原来他经常吟诵《般若经》,喝了酒后声音会更嘹亮。然后将瓶子拼合好,收回洒落的酒,几口就下肚了。从此,和尚就称酒为般若汤。其实这都是僧人的借口,就像当年黄巢的手下吃人,但却将人称作"两脚羊"是一个意思。

道教徒是可以喝酒的,道教的著名人物吕洞宾还留下了"三醉岳阳"的美谈。道教徒对酒也有自己的雅称,那就是"曲秀才""曲道士""曲居士",这个典故出自唐代郑綮的《开天传信记》。

他在这本书里讲了一个非常神奇的故事：唐代有一位著名的道士叫叶法善，一天他正与朝中的官员一起喝酒，这时突然从外面进来一个人，自称曲秀才，不等别人邀请就做到了末席，同时还大发议论。叶法善用剑刺他。曲秀才倒在地上变成了酒瓶，里面装的全是美酒，众人喝过后都醉倒了。

《集异录》还讲了另一个神奇的故事，一个名叫叶静能的道士喝到五斗酒后就会醉倒，变为一个只能容五斗酒的酒瓮。

后来陆游曾经写道"孤寂惟寻曲道士"，这里的"曲道士"指的就是酒。

和尚喝酒经常会被道士们嘲笑。南朝画家张僧繇创作过一幅很有名的作品，名曰《醉僧图》，道士们很高兴，经常拿这幅画来奚落和尚们。和尚们很生气，想起了一个反制措施，他们凑了许多钱送给著名的画家阎立本，请他画了一幅《醉道士图》。从此以后，道士们就不好意思再嘲笑和尚们了。其实好酒的和尚与好酒的道士是半斤八两，谁都没有必要嘲笑谁。

第四节 醉吟先生

白居易（公元772—846），字乐天，晚年号香山居士，河南新郑（今郑州新郑）人，中国文学史上著名的诗人。白居易去世后,当时的皇帝唐宣宗亲自为白居易写下了悼亡诗,有两句是这样的"童子解吟长恨曲,胡儿能唱琵琶篇",这句诗歌中暗含了白居易的代表作《琵琶行》与《长恨歌》。白居易不仅在唐代享有盛名,他的大名还流传到了朝鲜和日本,在这两个国家也有很大的影响。

白居易的传世诗歌有两千八百多首,描写酒的就有九百多首,可见他对酒的喜爱程度。他把诗、酒、琴当作自己最知心的朋友,亲切地称它们为"北窗三友"。他在《北窗三友》这首诗中写道:

今日北窗下,自问何所为。欣然得三友,三友者为谁。

琴罢辄举酒,酒罢辄吟诗。三友递相引,循环无已时。

◎ 白居易像

一弹惬中心,一咏畅四肢。　犹恐中有间,以酒弥缝之。
岂独吾拙好,古人多若斯。　嗜诗有渊明,嗜琴有启期。
嗜酒有伯伦,三人皆吾师。　或乏儋石储,或穿带索衣。
弦歌复觞咏,乐道知所归。　三师去已远,高风不可追。
三友游甚熟,无日不相随。　左掷白玉卮,右拂黄金徽。
兴酣不叠纸,走笔操狂词。　谁能持此词,为我谢亲知。
纵未以为是,岂以我为非。

白居易每到一个地方都要以酒为号,为河南尹时号"醉尹"，被贬为江州司马时号"醉司马"，当太子太傅时号"醉傅"，总号为"醉吟先生"。酒在白居易的笔下还有一个雅称——玉液。这个称呼出自他的《效陶潜体》，他在诗中说："开瓶泻尊中，玉液黄金脂。"后来，玉液就成了酒的另一个代名词，白居易对这个称呼是有首创之功的。

白居易隐居龙门的时候，更是不可一日无酒，他甚至认为可以不吃饭但不可以不饮酒。晋代的刘伶非常爱酒，留下了《酒德颂》，白居易仿《酒德颂》作了《酒功赞》，全文如下：

麦曲之英，米泉之精。作合为酒，孕和产灵。孕和者何，浊醪一樽。霜天雪夜，变寒为温。产灵者何，清醑一酌。离人迁客，转忧为乐。纳诸喉舌之内，淳淳泄泄，醍醐沆瀣；沃诸心胸之中，熙熙融融，膏泽和风。百虑齐息，时乃之德；万缘皆空，时乃之功。吾尝终日不食，终夜不寝。以思无益，不如且饮。

曲是造酒必需的东西，中国人民在商代就已经开始用曲造酒。白居易认为，最好的曲与最佳的泉水结合在一起才能产生美酒。酒的作用是很大的，它可以"霜天雪夜，变寒为温"，酒并不是真能将天气改变，它改变的是人的心情，它可以使人的心里始终装着一团火。"黯然销魂者，唯别而已矣"，江淹《别赋》里面的这句话道出了离别的伤感与无奈，只有酒这种神奇的物件才可以让人暂时忘却离别的痛苦，让人转忧为乐。白居易形象地描写了喝酒时的感觉，酒在喉咙里的时候，感觉很舒畅，就如同吃到了酥酪上凝聚的油。酒进入了身体里，舒服得很，那感觉就像在春风里沐浴一样。人在喝醉了的时候，一切的名利之心都暂时放下了，一切的不如意都暂时抛却了，这就是酒的大作用啊。"吾尝终日不食，终夜不寝，以思无益，不如且饮。"这句话将酒徒的心态暴露无遗，白居易认为喝酒比吃饭、睡觉还要重要，酒瘾之大、爱酒程度之深，可想而知了。

白居易曾创作了一组名为《劝酒诗》的组诗，系统地表达了自己对酒的理解。其中的一首诗歌是这样的：

劝君一杯君莫辞，劝君两杯君莫疑，劝君三杯君始知。

面上今日老昨日，心中醉时胜醒时，天地迢迢自长久。

白兔赤乌向逐走，身后金星挂北斗，不如生前一杯酒。

白居易认为，饮过三杯酒后才可以明白酒中的真谛，所以不喝过三杯酒，最好不要开口说话。老朋友在一起聚饮的时候，最容易感慨的就是时光易老，青春不再，喝一次酒，头上的白发就增加几根，越到晚年这种感慨就越强烈。白居易是一个有积极上进之心的人，他创作的现实主义诗篇《新乐府》《秦中吟》表达了对黑暗现实的强烈不满和对百姓疾苦的深切同情，他也因此受到了当朝权贵的迫害。晚年的白居易不再像以前那么激昂了，他天天沉醉于酒，以求暂时忘却人生的苦痛，正如他在诗中提到的"心中醉时胜醒时"。时光催人老，天地则是永恒不变的，在时间的长河中人的一生显得那么的短暂，人想起这个的时候都容易伤心落泪，还是痛饮美酒吧。

白居易的另一首《劝酒诗》中有这样几句话："昨与美人对尊酒，朱颜如花腰似柳。今与美人倾一杯，秋风飒飒头上来。年光似水向东去，两鬓不禁白日催。"以前和这位美人喝酒的时候，美人还是青春年少；现在再与她饮酒的时候，美人的青春已经不在了。与自己交往的美人的红颜都已经衰老了，诗人自己怎么能不两鬓苍苍呢。

白居易还有一组《府酒五绝》的绝句，写得特别有意思，这五首绝句专门写他做地方官时喝公家供应的酒的各种小事,这些小事现在看来别有趣味。

忆昔羁贫应举年,脱衣典酒曲江边。十千一斗犹赊饮,何况官供不着钱。

这首诗的名字叫《自劝》,诗歌回忆了自己当年穷困潦倒的生活,为了喝酒不惜典当衣服,无论多么贵的酒都要赊着喝。现在日子较之以前已经好多了,当了官可以肆意地喝不花钱的酒,抚今追昔,快乐异常。

自惭到府来周岁,惠爱威棱一事无。唯是改张官酒法,渐从浊水作醍醐。

这首《变法》诗说自己上任一年来,在政治上毫无建树,唯一能够拿得出门的功绩,就是改良了酿酒的方法,可以让浊水变成美酒。诗人在诗中虽然用了"自惭"两个字,但字里行间透露出的,却是对自己改良酿酒方法的政绩感到沾沾自喜。白居易的一生不仅以豪饮著名,他还特别擅长酿酒。在他为官的任上,他曾花很大一部分时间去研究酿酒。他根据自己多年的酿酒经验,得出一个结论:酒的好坏直接与水质的好坏有关,但酒的配方好的话,也可以使品质欠佳的水产生佳酿。白居易的酿酒经验是十分科学的,这一经验在现代仍然适用,茅台酒之所以名扬天下,这和当地茅台镇上的特殊水质有关。

甘露太甜非正味,醴泉虽洁不芳馨。杯中此物何人别,柔旨之中有典刑。

这首《辨味》诗告诉我们,白居易不仅喜欢喝酒,他还是一个品酒的高手,他认为酒太甜、太洁都不是上品,真正的美酒应该是刚柔相济的。白居易的关于酒的这种看法具有划时代的意义,至今仍有借鉴价值。

白居易请朋友喝酒,写了一首诗,让仆人送给一位叫刘十九的朋友,这首诗就是有名的《问刘十九》。

绿蚁新醅酒,红泥小火炉。晚来天欲雪,能饮一杯无?

新酿的酒还没有滤清时,酒面会浮起酒渣,酒渣的颜色是绿色的,细如蚂蚁,因此称为"绿蚁"。"绿蚁",后来用于指代新出的酒。"红泥小火炉",指的是温酒的器皿,有美酒必须有美器,这么好的器皿里面装的一定是令人垂涎三尺的美酒了。白居易请朋友喝酒正选了个恰到好处的时候,"晚来天欲雪",晚上正要下雪还没有下下来的时候,此时正适合畅饮。新酿制的酒,精美的小火炉,晚上将要下雪的天气,这三者都诱惑着刘十九,都在勾引着他肚子里的酒虫,他看到这首诗后肯定会飞奔到白居易身边的。《问刘十九》是一首诗,同时还是一份请柬,请客喝酒的请柬都写得如此的如诗如画,这主人的酒宴又能差到哪儿去呢。

《红楼梦》中的妙玉关于喝茶有种妙论:"一杯为品,二杯即是解渴的蠢物,三杯便是饮牛饮骡了。"这的确是妙论,虽然妙论言及的是茶,移到酒的身上,这大致也没有什么差错。《问刘十九》这首诗的最后一句写得非常妙,"能饮一杯无",这句话点明了是两位雅士在品酒,而不是像梁山好汉那样的大碗喝酒。

白居易最有名的诗歌要数《琵琶行》与《长恨歌》了,殊不知这两篇千古绝唱都是与酒有关的。

白居易晚上在浔阳江头送别客人,想与朋友一起喝个践行酒,可是没有管弦伴奏,两人酒喝得都不怎么痛快。白居易正要与朋友告别的时候,江面上传来了琵琶的声音。白居易就将琵琶女邀请到船上,一边听音乐一边与朋友继续喝酒。原来这个琵琶女本来是长安人,她的琵琶受过名师的指点,年轻的时候誉满京城,后来年老色衰嫁给了一位商人。白居易恰好也是贬谪到江州,他与琵琶女的命运是相似的,用诗中的话来说叫"同是天涯沦落人，相逢何必曾相识"。白居易有感而发，就写了这首名垂千古的《琵琶行》送给她。后人不满足《琵琶行》中的简单叙事，演绎了许多白居易与琵琶女的故事，最有名的要数元代戏剧家马致远的《青衫泪》了。只不过马致远在自己的作品中让白居易与琵琶女结成了百年之好，以寄托对先贤遭遇的同情。

元和元年冬十二月，白居易从校书郎这个官职外调做盩厔(zhōu zhì)县尉。盩厔，在今天的陕西，已经改名为"周至"。陈鸿与王质夫将家安在了盩厔县，空闲的时候他们三个人一起去游览了仙游寺，在游玩的时候谈论起唐明皇与杨贵妃的故事，三人都感慨万千。王质夫举着酒杯对白居易说："历史上少见的事情，如果没有不世出的天才加以记述的话，很快就会随着时间的流逝而消亡了，后人根本不可能知道历史上曾经发生过这么惊天动地的事情。白居易你是个擅长写诗且感情丰富的人，你来用诗歌的形式写下来怎么样?"白居易的《长恨歌》就是应朋友在酒席上提出的要求而写出的，因此这篇绝唱也是与酒脱离不了关系的。

白居易不仅自己爱喝酒，他还结识了一位喝高了就大哭的奇人，这位奇人名叫唐衢。唐衢有大才但屡考不中，心情很郁闷，心里感到不爽的时候就喜欢喝两杯。他一喝酒就哭，不仅自己哭得死去活来，还直接影响到周围人的情绪。经常是他一开腔哭，整个酒宴上都会响起一片啜泣声。据资料记载，这位奇人"发声一号，音辞哀切，闻之者莫不凄然泣下"，他的哭声还真有艺术感染力。有一次，一位主管太原地区军务的大官请客吃酒，这位奇人唐衢也在应邀之列。大家喝得正痛快的时候，突然有人聊起了当前的政治局势。唐衢虽然是个平民，但"位卑未敢忘忧国"，他说起政治形势的衰败，感慨万千,越说越激动,最后泪如雨下。他一哭,整个酒席上的人都跟着他哭,酒宴只好中途停止。

白居易听说了唐衢之哭有如此大的感染力后,写了一首《寄唐生》的诗送给他。诗中有几句是这样的:"贾谊哭时事,阮籍哭路岐。唐生今亦哭,异代同其悲。"白居易认为唐衢的哭与古人贾谊、阮籍有相似之处,都是因为心中有难以言说的痛苦。

白居易越老酒瘾越大,晚年他在洛阳当官,特意搞了个"九老会",请一帮老人喝酒。白居易在《眼病》诗中写道:"散乱空中千片雪,蒙笼物上一重纱。纵逢晴景如看雾,不是春天亦见花。"白居易用形象的语言写出了自己眼睛看东西模糊的情景,这种眼疾是由于饮酒过度引起的,用现在医学上的专业术语叫"酒精性弱视症"。晚年的白居易为此病所苦,他想尽了一切办法,但都没有什么效果。得了眼疾后,白居易喝酒的兴致却并没有因此受到影响。

醉吟先生,这是白居易最著名的一个雅号。白居易六十七岁的时候担任太子少傅,他生活在洛阳,他写下了酒史上不可多得的名篇《醉吟先生传》。白居易在文中这样介绍自己:"醉吟先生,忘其姓字、乡里、官爵,忽忽不知吾为谁也。宦游三十载,将老,退居洛下。所居有池五六亩,竹数千竿,乔木数十株,台榭舟桥,具体而微,先生安焉。……性嗜酒、耽琴、吟诗,凡酒徒、琴侣、诗客多与之游。"这是白居易自己的夫子自道。白居易在文章的结尾说:"既而醉复醒,醒复吟,吟复饮,饮复醉。醉吟相仍,若循环然。由是得以梦身世,云富贵,幕席天地,瞬息百年,陶陶然,昏昏然,不知老之将至,故所谓得全至于酒者,故自号为醉吟先生。"白居易爱酒和爱诗是紧密联系的,因此,他自号为醉吟先生。白居易的醉与吟是统一的,他是隐于酒的诗人,以杯中物陶然自乐,不知时光的流逝和岁月的变迁。

白居易死后葬在龙山,河南一位叫卢贞的官员知道他生前好酒,就将白居易的《醉吟先生传》刻成石碑,立在白居易的墓旁边。游人每次经过白居易的墓碑,读了石碑上的《醉吟先生传》后,都会为白居易祭奠上一杯酒,以至于白居易墓前常年都是湿的,远远的就是一股酒香,白乐天在九泉之下也可以开怀畅饮了。

第五节 酒与艺术

唐代是一个令人骄傲的时代,不仅仅是因为唐诗在诗歌史上的崇高地位,书法、绘画、音乐等其他的艺术也取得了登峰造极的成就,唐代可以说是中国艺术的集大成时代。唐代出现了虞世南、褚遂良、欧阳询、孙过庭、颜真卿、柳公权等一大批优秀书法家,吴道子、阎立本、王维、曹霸、韩干等一大批画家,王维、李龟年、雷海青等一大批音乐家,他们都是艺术史上的翘楚。唐代的许多艺术都与酒有不解之缘,有些艺术珍品还是在酒后完成的。

知章骑马似乘船

唐代的贺知章是一位特别喜欢喝酒的人,杜甫在《饮中八仙歌》中第一位提到的就是他,杜甫在诗中说:"知章骑马似乘船,眼花落井水底眠。"饮中八仙里以贺知章年龄最大,他喝醉了酒后在马上摇摇晃晃,就如同坐船一样。杜甫开玩笑说,贺知章就算掉到了井里,也醒不了,会一直在水底酣睡下去的。大家一般知道贺知章是个不错的诗人,可是很少有人知道他还是位优秀的书法家,贺知章擅长草书、隶书,他的诗名掩盖了他的书法名声。当时人们将贺知章的草书、秘书省的落星石、薛稷画的鹤、郎馀令绘的凤合称为秘书省"四绝"。贺知章传世的书法作品中,主要有墨迹草书《孝经》、石刻《龙瑞宫记》等。

贺知章特别喜欢醉后写书法,而且醉后创作的作品质量极高,其原委连贺知章自己也不明所以。《旧唐书·文苑传·贺知章传》记载:"醉后属辞,动成卷轴,文不加点,咸有可观。"可见,贺知章醉后写作时,文思敏捷,写出的作品质量很高。一般人也许不知道贺知章的书法

◎ 贺知章草书《孝经》拓片

才能,但他的密友不可能不知道——李白将贺知章比作王羲之,可见对他书法作品的推崇程度。李白在绝句《送贺宾客归越》中这样写道:

镜湖流水漾清波,狂客归舟逸兴多。山阴道士如相见,应写黄庭换白鹅。

天宝三年(公元744)正月,贺知章辞京还乡,李白当时正好在长安,就写了这首诗赠给了老朋友。镜湖也就是鉴湖,是绍兴的名胜,以湖水清澈而闻名于世。李白想象友人还乡后,一定会在镜湖里泛舟游荡。换白鹅的典故出自大书法家王羲之。王羲之很喜欢白鹅,山阴地方的一个道士知道后就请他书写道教经典《黄庭经》,并愿意用自己养的一群白鹅作为报酬。诗歌的最后两句表面是在写王羲之,实际上是借王羲之的典故赞叹贺知章书法的精妙绝伦。

窦蒙本人就是唐代的书法家,他在《述书赋注》中是这样评价贺知章的书法的:

每兴酣命笔,好书大字,或三百言,或五百言,诗笔惟命……忽有好处,与造化相争,非人工所到也。

可见,唐朝人很了解贺知章醉后善书的特点,窦蒙认为贺知章醉后写出的书法如有神助,不是人力所能达到的。窦蒙在评论书法的时候非常尖刻,许多唐代的书法名家他都不放在眼中,他能给贺知章书法"与造化相争,非人工所到"的评价,说明贺知章的书法在唐代确实非同一般。宋代的陶宗仪在《书史会要》中也提到了贺知章醉后善书的特点,高度评价了他的艺术成就:

善草、隶,当世称重。晚节尤放诞,每醉必作为文词,行草相间,时及于怪逸,使醒而复书,未必尔也。

陶宗仪认为,晚年的贺知章尤为喜欢醉后创作书法,晚年的艺术作品已经达到了炉火纯青的境界。贺知章醉后写出的作品水平极高,就算酒醒后再怎么写,也写不出醉后的那种酣畅淋漓的感觉了。

醉墨丹青

张旭(公元675—750),字伯高,一字季明,唐朝吴(今江苏苏州)人,爱酒如命,擅长草书,世称"张颠",传世书法作品有《肚痛帖》《古诗四帖》等。唐文宗曾下诏,以李白的诗歌、张旭的草书、裴旻(mín)的剑舞为"三绝"。

张旭也是"饮中八仙"之一,杜甫对他的描写是:

张旭三杯草圣传,脱帽漏顶王公前,挥毫落纸如云烟。

三杯酒下肚后,张旭就控制不住自己的创作激情了,他经常在王公贵族面前脱掉帽子将头顶露出来,畅快淋漓地写起草书来。他经常喝得大醉后,大叫狂走,然后落笔成书。张旭喝醉酒后,书法的创作欲望被调动起来,他甚至会用头发蘸着墨书写,所以人们称他为"张颠"。张旭醉后狂书,当时的许多人对此都留下了深刻的印象,诗人李颀在《赠张旭》中形象地刻画了他醉后狂书的风采,全诗如下:

张公性嗜酒,豁达无所营。皓首穷草隶,时称太湖精。露顶据胡床,长叫三五声。

兴来洒素壁,挥笔如流星。下舍风萧条,寒草满户庭。问家何所有? 生事如浮萍。

左手持蟹螯,右手执丹经。瞪目视霄汉,不知醉与醒。诸宾且方坐,旭日临东城。

荷叶裹江鱼,白瓯贮香粳。微禄心不屑,放神于八纮。时人不识者,即是安期生。

张旭在酒家喝酒,兴致来了,特别喜欢在酒家的墙上写字,"兴来洒素壁,挥笔如流星"。而且张旭在哪家酒店题壁,哪家酒店的生意就会更上一层楼。张旭的书法名气很大,但

新版
雅俗文化书系

酒文化

◎张旭书法作品拓片

他的生活却不富裕,家里的居住条件也不怎么好。他将一切的精力都放在了艺术上,也就不在乎其他的东西了。张旭喝酒的时候喜欢读道教的经典,一边读一边瞪着天空,旁人也不知道他究竟是醉还是醒。

与张旭齐名的另一位草书大家怀素,也喜欢酒后写作,爱酒程度比张旭有过之而无不及。怀素(公元725—785),字藏真,他是书法史上领一代风骚的大书法家,他的草书称为"狂草",他与张旭并称为"张颠素狂"或"颠张醉素"。怀素酷爱饮酒,每当饮酒兴起,他不分墙壁、衣物、器皿,找到什么东西就在什么东西上写,当时的人们称他为"醉僧"。怀素与大诗人李白有交往,李白在《草书歌行》中这样描写了怀素的风采:

◎ 怀素《自叙帖》真迹(局部)

八月九月天气凉,酒徒词客满高堂。笺麻素绢排数箱,宣州石砚墨色光。

吾师醉后倚绳床,须臾扫尽数千张。飘风骤雨惊飒飒,落花飞雪何茫茫!

起来向壁不停手,一行数字大如斗。忆忆如闻神鬼惊,时时只见龙蛇走。

怀素在高朋满座的酒会上当场挥毫泼墨,数千张纸很快就写完了。怀素觉得仍然不过瘾,就去墙壁上题写了许多如斗大的字,他完全沉浸在自己的艺术世界中,完全忘记了世间的一切。恍恍（huàng），指隐隐约约的样子，"恍恍如闻神鬼惊"，指怀素的书法仿佛有惊天地泣鬼神的效果。

书与画是并称的，书法与酒脱不了关系，绘画当然也不例外。

◎ 吴道子《送子天王图》（宋代摹本）

吴道子（约公元680—759），阳翟（今河南禹州）人，唐代著名的画家，后世尊称他为"画圣"。唐代宋景玄的《唐朝名画录》是这样评价吴道子的："凡画人物、神鬼、禽兽、山水、台殿、草木，皆冠绝于世，国朝第一。"可见，吴道子善于画各种题材的画，他被公认为唐代最伟大的画家。《历代名画记》中说他"每欲挥毫，必须酣饮"，酒刺激了他的创作灵感，使他的思维活跃起来。吴道子刚开始是学书法的，他的老师是贺知章与张旭，或许他好酒的习惯也是从他的两位老师那儿继承来的吧。

当时长安平康坊菩提寺会觉和尚得知吴道子爱喝酒，就用酒吸引他为新建的寺庙画壁画。在寺庙建成后，会觉和尚准备下百石美酒，将酒装于大瓮中，陈列于寺庙的两廊之下，故意让吴道子看到。吴道子看到这么多酒后，不用和尚开口，就欣然动笔了。

　　唐代另一位著名画家王洽也是爱好杯中物之人,由于他善画泼墨山水,被人称为"王墨"。王洽嗜酒如命,放浪于江湖之间,每次画画都要先喝足了酒,先将墨泼在素绢之上,墨色或浓或淡,王洽根据墨迹的自然形状加以点染,或为山石,或为云烟,千变万化,这种境界不是一般的画工可以达到的。

　　唐高宗的时候有个叫胡楚宾的人,他特别擅长醉后写文章,每当喝到七分醉的时候他就灵感迸发,这时候写出的文章气势磅礴、精彩异常。高宗很喜欢胡先生的文章,经常把他请进宫来,每次来到宫里皇帝都用金银器皿给他准备了好酒。他喝完酒写完文章后,皇帝就把这些金银器皿赏给了他,这也相当于皇帝给他的润笔费了。胡楚宾家里很穷,但他并没有将皇帝赏赐的东西补贴家用,而是将它们全部送到了酒家。每次他没钱喝酒的时候就进宫写字,得了金银后就拍屁股走人了,皇帝对他的这种行为一点也不生气。

第五章

酒酣肝胆尚开张
——酒壮英雄胆

第一节 卮酒弗辞

中国历史上的皇帝据统计有五百多个,这些皇帝能够给人留下深刻印象的并不多,刘邦就是其中一个让人津津乐道的皇帝。历史学家喜欢研究刘邦的丰功伟绩,老百姓耳熟能详的是刘邦的无赖事迹,这里介绍的是一个酒徒刘邦。

当刘邦还是泗水亭长的时候,就是个酒徒,史书上称

◎ 《史记》作者司马迁像

他"好酒及色"。刘邦经常在两位叫王媪、武负的酒店老板那赊酒喝。每当刘邦喝醉,呼呼大睡的时候,这两位酒老板常会看到刘邦的身子上盘踞着一条龙。两人都觉得很奇怪。刘邦喜欢喝酒,但囊中羞涩,经常付不起账,只好赊账。泗水亭长是一种低级的官吏,没有多少俸禄,他喝不起酒也很正常。但还是有一件不太正常的事情发生了,刘邦每次去那两家酒店喝酒,两家酒店的收入就比平常多数倍,王媪、武负两位卖酒老板就更加奇怪了。年终结算的时候,即使除去刘邦的酒债,

◎ 汉高祖刘邦像

两家酒店的收入还都比往常要多，于是就免了刘邦的酒债。

历史就是个任人打扮的小姑娘，司马迁的《史记》虽然被称为"信史"，也不能完全相信。刘邦喝醉酒后身上会出现龙，这是典型的对集权官僚制社会统治者的神化。司马迁在写这个故事的时候也未必相信，但刘邦毕竟是自己王朝的开国君主，他考虑到现实的政治压力，也只能这样写。刘邦去酒店喝酒，酒店的收入就多起来，司马迁没有讲原因，但我们可以猜想一下。刘邦是那种生活在社会底层的豪杰，呼朋引伴的能力非常强，他去哪家酒店，他的朋友们也就跟着他一起去，酒店的生意自然就好了。

刘邦与酒的故事这才刚刚开始——鸿门宴，也许是刘邦一生中经历的最惊险，也最具传奇色彩的一场酒会了。

早在巨鹿之战后，项羽、刘邦和各路反秦势力约定，先攻入咸阳者为天下之主。结果刘邦出奇兵率先攻入咸阳，灭掉了秦朝。本来按照约定，刘邦可以成为天下之主。但约定归约定，在政治上，约定必须以实力作为保证，才能真正产生效力。当时项羽的军事实力远胜于刘邦，项羽的谋士范增一再鼓励项羽杀掉刘邦。幸好项羽手下的项伯与刘邦手下的谋士有交情，项伯事先将消息透漏给了刘邦。刘邦决定亲赴项羽鸿门营中请罪，项羽闻讯摆下了鸿门宴招待刘邦。刘邦去鸿门参加酒会肯定是胆战心惊，但是他没有选择的权利，他必须去。

在宴会上，刘邦屈身卑辞，极力称赞项羽的功德，并表示自己能拿下咸阳纯属侥幸，绝对没有称王的意思。项羽虽然力能扛鼎，智谋方面却远逊刘邦，很快就对刘邦消除了戒心；但另一位老谋深算的人却没有那么容易上当，这个人就是范增。范增屡次对项羽使眼色让他趁

◎ 项羽像

机杀掉刘邦，项羽总是置若罔闻。范增看项羽下不了决心，就决定先斩后奏。他把项羽的同族兄弟项庄找来，让项庄在席间舞剑助兴的时候趁机杀掉刘邦。项羽毫不知情，就同意项庄舞剑助兴。项庄要舞剑，范增、刘邦、张良、项伯都知道是为什么，项庄本人更不用说了，目的就是要刘邦的命，只有项羽蒙在鼓里。项庄舞剑，意在沛公，可是项伯在席上以舞剑为名护着刘邦，项庄下不了手。项庄和项伯成胶着状态，形势对刘邦十分不利。

张良离席将酒会上的事情告诉了刘邦的大将樊哙，樊哙感觉到了事情的危急，决定闯帐。樊哙带着剑和盾牌往里就走，外面的卫士不让他进去，樊哙用盾牌使劲一撞，外面的卫士就倒了一大片。樊哙来到席上，怒视项羽，目眦瞪裂，怒发冲冠。项羽直起身子，按剑问道："客人是干什么的？"张良急忙向项羽介绍，说这是给刘邦担任战车警卫的人。项羽说：

◎ 张良像

"这是位壮士，赐给他一杯酒。"樊哙拜谢后，将酒一饮而尽。项羽又让人给樊哙拿来了一块生猪肘子，樊哙毫不推辞，将生猪肘子放在盾牌上，用手中的剑切了就吃。项羽看到樊哙豪爽的样子特别开心，说："壮士！再来一杯怎么样?"樊哙说："我连死都不怕，一杯酒又能算得了什么!"樊哙接着说了一番责备项羽的大道理，项羽无言以对，只好让樊哙列席。最后，经过重重波折，刘邦总算才离开了项羽的大营。

后来，人们就把不怀好意而又不得不参加的酒会都称之为"鸿门宴"。

刘邦是中国历史上第一位平民皇帝。尽管最后成为九五之尊，但他身上的平民本色一生都没有褪尽。

一次，刘邦在洛阳南宫请百官喝酒，正喝得高兴的时候，他说："你们各位都不要瞒我，都说说实情，我为什么可以得到天下，项羽为什么会失去天下呢?"高起、王陵两个人说了刘邦的优点和项羽的缺点，认为这是刘邦得天下的主要原因。刘邦并不同意他们的看法，说："各位只知其一不知其二。出谋划策，运筹帷幄之中，决胜千里之外，我不如上张良；镇守国家，安抚百姓，供给军粮，我不如萧何；领兵打仗，百战百胜，我不如韩信。这三位，他们都是人中之杰，他们能够为我所用，这才是我得天下的关键原因啊。项羽连一个范增都不能用，这才被我打败啊。"

刘邦在酒会上说出的这番话十分难得,他不仅客观评价了张良、萧何、韩信的功绩,更说明了一个重要的道理:得人者昌,失人者亡。除了刘邦的言语外,我们更羡慕当时和谐的君臣关系。君臣一起喝着酒,回忆以前的峥嵘岁月,想想创业的艰难及那些战死的朋友,这种情景是十分感人的。可惜,刘邦君臣之间的这种和谐关系并没有维持多久,后来韩信等功臣的惨死就说明了这一点。

刘邦是个政治家,他有多种面孔,他说的话有真也有假,晚年的刘邦也有许多真情流露的瞬间,让人十分感慨。

刘邦是个传奇皇帝,同时也是个流氓皇帝,他对自己的流氓行径一点也不避讳,反而表现得坦诚直率,这也正是他可爱的一面。

公元前198年,未央宫建成。刘邦大宴群臣,在新建成的未央宫前殿摆下了盛大的酒宴。刘邦拿起玉酒杯,为自己的父亲祝寿。刘邦的祝酒词十分有意思,让人忍俊不禁:"我年轻的时候您老人家总是说我不务正业,不能像二哥那样多置办产业。今天您老人家看看,是我置办的家产多,还是二哥置办的家产多?"殿上的群臣一起大呼"万岁",开怀畅饮。

刘邦是个豁达的人,他在给自己父亲祝寿的时候说这番话并没有揭短的意思,只是觉得好玩就说了。刘邦的父亲听到后也只能无奈地笑笑,想必这时他心里想的是:当年项羽要烹掉我的时候,说分一杯羹是你,让我享受荣华富贵的也是你,儿子啊,你到底是个什么样的人呢?

沛县是刘邦年轻时候生活的地方,他对自己的家乡有着深厚的感情;同样,沛县父老也以出了刘邦这么一位大名鼎鼎的人物而感到自豪。

公元前 195 年,刘邦回到了家乡沛县,此刻的他已经不是被人瞧不上的无赖刘季,而是衣锦还乡的大汉开国皇帝刘邦,后代历史学家笔下的汉高祖。

刘邦在家乡摆下了盛大的酒会,召集父老乡亲一起来痛饮。酒酣耳热后,刘邦亲自击筑,唱出了名垂千古的《大风歌》:

大风起兮云飞扬,威加海内兮归故乡,安得猛士兮守四方!

刘邦一边自己唱,沛县的一百二十个小儿在旁边和。具体的情景虽然已经难以还原了,但我们还可以想象得出当时的景象是多么的壮观,多么的让人感动!刘邦一边唱一边起舞,唱着唱着,舞着舞着,刘邦泪流满面,对家乡的父老乡亲说:"在外漂泊的游子心里总是想着故乡的。我虽然把国都建在了关中,但等我死后我的魂魄仍然无法忘怀的是我的故乡沛县。我是以沛公的身份起兵讨伐暴秦的,后来终于取得天下。我要把我的家乡当作我的封地,免除百姓的赋税徭役,永远都不用再纳税服役。"刘邦在沛县的日子里,小沛的父老乡亲们天天快活饮酒、尽情欢宴,非常开心。十多天后,刘邦要走了,父老乡亲们坚决地要求刘邦多留几天,刘邦感动地说:"我的随从太多了,父老乡亲们供应不起啊。"刘邦要离开那天,小沛城里全空了,百姓都赶到城西去给刘邦送各种礼物。刘邦迫于父老的盛情,又留了下来痛饮了三天。

高祖还乡是一种美谈,也为后世许多人艳羡。刘邦回到了自己的家乡,流下了动情的眼泪。他和家乡父老痛饮无疑是痛快的,在家乡父老的眼中,它不仅仅是大汉的天子,更是一个回家的游子。

刘邦的一生都与酒紧密相连,这些酒有的是他不愿意喝而必须喝的,有的是他情愿喝的,有时候是带着真情喝,有时候是怀着假意喝。酒是刘邦多彩的生命乐章中重要的一节,酒让刘邦这个传奇皇帝更加可爱。从这方面说,刘邦不愧是一个酒徒皇帝。

第二节 浊酒尽欢

滚滚长江东逝水,浪花淘尽英雄。是非成败转头空。青山依旧在,几度夕阳红。

白发渔樵江渚上,惯看秋月春风。一壶浊酒喜相逢。古今多少事,都付笑谈中。

明代文学家杨慎的这首词因小说《三国演义》而流传,尤其是它被谱上曲成为电视连续剧《三国演义》的主题曲后,更是家喻户晓、妇孺皆知。其实最初版本的《三国演义》中并没有这首词,这是毛宗岗后来加上去的。这首词将历史的沧桑之感表达得十分准确,很切合历史小说《三国演义》的氛围,毛宗岗的眼光是独到的。"一壶浊酒喜相逢",这句话非常有意境,《三国演义》讲的是英雄的智慧、谋略和勇武,英雄总是和酒分不开的。

酒壮寿亭威

关羽是中国历史上的幸运儿,他不仅是历史上勇将的代

◎ 关羽剪纸像

名词,也是中国历史上鼎鼎大名的关圣帝君。他的庙宇遍布天下,他的威名妇孺皆知。关羽的赫赫威名除了他本人的历史功绩确实值得尊敬外,很重要的一个原因是得益于《三国演义》对关羽形象的成功塑造。

关羽的威名第一次为天下诸侯所知,也是与酒相关,这次扬名立万的事件就是著名的温酒斩华雄。真正历史上的关羽并没有杀过华雄,华雄是被江东猛虎孙坚杀掉的。历史的真实是怎么样已经不再重要,人们记住的是关云长温酒斩华雄的英姿,这就是小说艺术的魅力。

温酒斩华雄是关羽的崭露头角之战,也是小说家罗贯中的得意之笔,鲁迅先生对这段的描写赞不绝口。

天下诸侯共讨董卓,董卓的骁将华雄悍勇异常,诸侯们束手无策。江东猛虎孙坚败于华雄之后,群雄更是胆战心惊。袁术手下将领俞涉、韩馥手下将领潘凤接连被斩,群雄十分震悚,诸侯盟主袁绍也束手无策,只能感叹自己的上将颜良、文丑没在,不然一定可以杀掉华雄。

——这时关羽出场了。关羽昂首阔步,来到手忙脚乱的诸侯面前,大声说自己可以斩华雄。经过询问,袁绍、袁术才知道关羽只是县令刘备的马弓手。他们十分生气,不仅不让关羽出战,还要将他乱棍打出大帐。这时候幸亏另一位有眼光的英雄——曹操出来相劝。曹操对袁氏兄弟说，关羽敢说大话，说不定真有本事，可以让他试试。关羽的相貌不俗，华雄哪里会知道他是马弓手。曹操不愧是慧眼识英的有识之士，关羽一方面感激曹操的知遇之情，另一方面也对诸侯的有眼无珠愤慨不已，决心以满身本领让他们刮目相看。这时，罗贯中写道：

关公曰："如不胜，请斩某头。"操叫酾热酒一杯，与关公饮了上马。关公曰："酒且斟下，某去便来。"出帐提刀，飞身上马。众诸侯听得关外鼓声大震，喊声大举，如天摧地塌，岳撼山崩。众皆失惊。正欲探听，鸾铃响处，马到中军，云长提华雄之头掷于地下。其酒尚温。

这儿的酒是关羽神威的衬托，"其酒尚温"四个字侧面烘托出了关羽的勇武。透过这四个字，我们可以感觉到，对关羽来说于百万军中取上将首级就如同探囊取物一般。关羽的神威非酒无以表现，难怪后人览毕感慨说：威镇乾坤第一功，辕门画鼓响咚咚。云长停盏施英勇，酒尚温时斩华雄！

关羽晚年攻樊城之时，手臂中了毒箭，伤势十分严重，若不抓紧治疗可能一条胳膊就废掉了。医治英雄的伤患，医生肯定不能是庸手——这个医生就是中国医学史上的名医华佗。华佗看过关羽的臂伤后，告诉关羽可以医治，但是担心关羽怕疼。关羽笑道："我视死如归，有什么可怕的！"关羽拒绝了华佗提出的用布蒙头、用柱子固定手臂的建议，让华佗直接医治，刮骨疗毒。

关羽一边饮酒，一边与马良下棋，就跟没事儿人一样。华佗割开皮肉，用刀刮骨，悉悉有声。大帐上的人听到后，掩面失色。关羽却照常饮酒吃肉，谈笑下棋，一点痛苦的样子都没有。医治完毕后，关羽说："这条胳膊已经能伸能舒，一点儿都

155

不疼了。先生真是神医啊!"华佗说:"我当了一辈子的医生,为无数的人看过病,从来没有见过像将军这样神勇的,将军真是天神啊!"

人们为关羽一边喝酒一边接受无麻醉手术的潇洒而钦佩,为华佗的医术而叹服。酒永远与刮骨疗毒联系在了一起。

关羽一生的事迹都和酒相关,酒成全了关羽,关羽也成全了酒。酒让人体会到什么叫智慧的英雄,勇武的英雄,儒雅的英雄,酒激发了人们对英雄的憧憬,酒总是和人们的英雄梦联系在一起。

刘备与酒

刘备也是个传奇的皇帝,在后人的心目中,他一直与许多的歇后语联系在一起,比如"刘备摔孩子——收买人心""刘备借荆州——有借无还""刘备的江山——哭出来的"等。民间的这些说法其实都是误解,刘备是集权官僚制社会杰出的政治家,他得到江山成为一国之君与他的雄才是分不开的,绝不是只知道哭哭啼啼的伪君子。刘备也是一个爱酒的皇帝,无论是正史还是小说,都记载了不少这样的故事。透过这些酒香,我们可以发现一个真正的刘备。

刘备与曹操、孙权最大不同的地方在于,他前期一直没有一块固定的根据地,一直颠沛流离,过着寄人篱下的生活。刘备暂时依靠曹操的时候,怕曹操知道自己胸怀大志,就天天在园子中种菜来韬光养晦。这时,曹操去请在家"专心"当农夫的刘备去喝酒。就这样,历史上著名的酒会——青梅煮酒论英雄,开始了。

曹操、刘备开怀畅饮,但同时又是各有怀抱。酒到半酣的时候,天空阴云密布,马上就要下雨了。这时曹操开腔了:"刘使君知道龙的变化吗?"刘备回答不知,是真不知还是假不知只有刘备自己心里有数了。曹操说:"龙能大能小,能升能隐,大的时候在天空吞云吐雾,小的时候就将自己的形体藏起来;龙升空就会在宇宙之间飞腾,隐藏的话就会潜伏在波涛之内。现在正是春天,龙在这个季节飞腾变化,就和英雄得志纵横四海一样。龙可以用来比喻四方的英雄。玄德你经常在

◎阎立本《历代帝王图》之刘备像

外面奔走,一定了解当世的英雄,快请说说看。"刘备自然是谦虚得很,说自己承蒙曹操的恩典才可以在朝廷建功,天下谁是英雄自己实在不知道。曹操自然不信这一套,一再要求刘备说,刘备也只好说了。这场酒宴虽然没有刀光剑影,但曹操的酒也不是任何人都可以喝得起的。

　　刘备先说兵粮足备的淮南袁术是英雄,曹操不同意,认为袁术这个人已经是坟墓里的骨头死了半截的人,早晚会成为自己的阶下囚。刘备接着又说袁术的堂兄袁绍是英雄,因为袁绍的祖上好多代都在朝廷做官,许多朝廷官员出自袁家门下,袁绍又占据了冀州,手下能干事的人很多,所以袁绍当得起英雄之名。曹操对自己曾经的老朋友袁绍嗤之以鼻,因为袁绍好谋无断,干大事却害怕丢掉性命,见了蝇头微利却不顾死活,这样的人在曹操眼里根本不是英雄。刘备又问威震九州的刘表是不是英雄,曹操也不同意,因为刘表徒有虚名而无其实。刘备又问血气方刚的江东领袖孙策是不是英雄,曹操说,孙策是凭借其父孙坚的余烈成名的,不是英雄。刘备最后

又举了刘璋、张绣、张鲁、韩遂等人，曹操对这些人更是看不上眼，认为他们不过是碌碌小人。刘备只好说，除了这些人之外，就实在不知道谁人可称英雄了。

不料，曹操对英雄有着自己独到的看法：

夫英雄者，胸怀大志，腹有良谋，有包藏宇宙之机，吞吐天地之志者也。

刘备问，谁可以当得起这种称誉。曹操先用手指了指刘备，然后指了指自己，说："天下英雄，就只你和我咱们两个。"刘备听到这话后，大吃一惊，手中的筷子也掉到了地上。这时天空传来了轰隆隆的雷声，刘备从容不迫地捡起筷子，自我解嘲地说："想不到打雷的威力这么大！"曹操笑着问："大丈夫也怕打雷吗？"刘备说："圣人有言，打雷后天地风云都会起变化，怎么会不怕！"

这场酒宴是两个英雄之间的巅峰对决，两人剑拔弩张的对话是这场酒宴最好的下酒物。曹操说出自己对英雄的看法后，刘备内心其实早已惊慌失措，因为他知道，自己韬光养晦的策略并没有瞒住曹操。因此故意借怕打雷来掩饰自己的大志，但能否骗过奸雄曹操，也只有他们两个人最清楚。他们两个人是天生的死对头，同时也是惺惺相惜的知己。这场酒宴让奸雄曹操、枭雄刘备回味了一辈子，也让后世的读者回味了一代又一代。

刘备自己爱喝酒，但造酒有时候会浪费粮食，他当皇帝后曾经在蜀中颁布过禁酒令。他规定，在大旱的时候酿酒的人要受到刑法的处罚。官吏从一户人家中搜到了酿酒的工具，有人认为这与酿酒是同样的罪过，要受一样的惩罚。这时刘备的大臣简雍对刘备进行了巧妙的进谏。一天，简雍与刘备出去一起游玩，看到路上有一个男人，简雍对刘备说："这个男人要犯强奸罪,为什么不把他捆起来?"刘备觉得简雍的话说得莫名其妙,就问他是怎么知道这个男人想犯强奸罪的,简雍说:"他有犯强奸罪的工具啊,这和先前那个家藏酿酒工具的人会去酿酒一个道理啊!"刘备听后大笑,就免除了那个家藏酿酒工具之人的罪过。

这是一个关于酒的纳谏故事,这则故事说明当了皇帝的刘备还是很和蔼大度、从谏如流的。

孙郎杯酒定人心

孙权是三国三位霸主中最年轻的一位,他和曹操、刘备一样,都是三国时代的杰出政治家。辛弃疾的一首《南乡子·登京口北固亭怀古》,将孙权的英雄气概刻画得淋漓尽致:

何处望神州,满眼风光北固楼。千古兴亡多少事?悠悠,不尽长江滚滚流!

年少万兜鍪,坐断江南战未休。天下英雄谁敌手?曹刘,生子当如孙仲谋!

孙权举行过许多的酒宴,他的酒宴十分温馨,让人觉得好像是一家人在团聚。在他这里,酒宴成了凝聚君臣之心的黏合剂——这也正是孙权酒宴的高明之处。

周泰是孙权的一位大将。孙权很小的时候,周泰就救过孙权的命。在后来的合肥之战中,周泰为救护孙权,多处受伤,体无完肤。战后,孙权设酒宴专门犒赏周泰。孙权亲自为周泰斟酒,抚摸着周泰满是伤痕的背部,泪流满面地说:"爱卿两次不惜性命冒死相救,身中十数枪,皮肤像刀刻过一样,我又如何忍心呢?爱卿你这样对我,我又怎么能不把爱卿当骨肉看待,将兵马大权让爱卿掌管呢?爱卿,你是我的功臣,我

◎阎立本《历代帝王图》之孙权像

一定会同你患难相扶、荣辱与共的!"说完,孙权令周泰解开衣服,让众将观看。只见周泰的皮肤如同被刀刻过一样,全身都是伤痕。孙权用手指着那些伤痕,问周泰什么时候留下的,周泰详细地叙述当时的战斗情景及如何受伤的。孙权每指出周泰的一处伤痕,就敬他吃一大杯酒。这次酒宴,周泰喝得大醉。酒后,孙权命人用自己的仪仗将周泰送回家,以示恩宠。刘备君臣之间的鱼水之情让人神往,孙权与周泰之间的虽是君臣、却胜似骨肉的情分也让人感慨。

比起群英会、青梅煮酒来,孙权的酒宴是轻松的,有时候孙权还会在酒宴上给自己的大臣开一些无伤大雅的玩笑。因此,江东君臣酒宴的气氛一直是十分融洽的。

诸葛瑾,字子瑜,是诸葛亮的兄长。他有一个从小就聪明异常的儿子,名字叫诸葛恪。一次酒会,孙权大宴群臣。孙权看到诸葛瑾的脸长得长,就想给他搞个恶作剧。他让人牵来一头驴,让人在驴头上书写"诸葛子瑜"四个字,这是在笑话诸葛瑾长了一张驴脸。这时,同席的诸葛恪跪下来说:"请允许我增加两个字。"孙权让人将笔拿给他,他在四字下面增加了"之驴"两个字,一下子变成了"诸葛子瑜之驴"。孙权和群臣大惊,都为诸葛恪的智慧叹服,孙权也顺便将驴赐给了诸葛恪。这时的诸葛恪年仅六岁。

我们从这个酒会里丝毫看不出等级森严的上下级关系,这种酒会氛围让人感觉像是一家人在小聚。诸葛恪在酒会上的出色表现还有许多,其中一次就是劝重臣张昭饮酒。

一次,孙权大宴百官。轮到张昭的时候,张昭拒绝喝酒,他认为让老年人喝酒是不礼貌的行为。孙权问诸葛恪能否让张昭喝酒,诸葛恪爽快地答应了。诸葛恪对张昭说:"当年姜子牙九十岁的时候还掌握军权为武王出力,没有说过自己年纪大了。现在上阵打仗的时候,先生您在后面;饮酒欢宴的时候,先生您在前面。怎么可以说是喝酒不尊重老人呢?"张昭无言可对,只能不情愿地喝了酒。孙权对诸葛恪的才能十分感叹,后来让他辅佐太子。

孙权跟他的父兄孙坚、孙策一样,都是豪爽人。他不仅喜欢亲自射猎,还喜欢喝酒。有时候喝得很放纵没有控制,许多大臣就要进谏。孙权的许多大臣论年龄都是他的父辈,这些大臣劝谏的时候有时候让人觉得他们不是在劝自己的君主,而是在劝自己不懂事的孩子。

孙权有一次在武昌的钓台上举行酒会,自己喝得大醉,手下的大臣也喝得七倒八歪。孙权还是不肯停止,他让人用水洒在大臣的脸上,让他们清醒后继续喝。并下令说:"今天的这场酒,除非喝到从钓台上掉下来,否则谁也别想停下来。"张昭脸色严肃,一句话没说走出酒会,坐到了自己的车中。孙权派人将张昭叫回来,说:"君臣一起喝个酒乐和乐和,张大人发什么脾气啊?"张昭说:"以前纣王造酒池,每天夜里都喝个痛快,纣王当时也觉得很快乐。"孙权听后沉默不语,脸上显出很惭愧的神色,只得下令停止宴饮。

孙权不仅爱喝酒,还擅长以酒试才。一次,孙权与群臣喝酒,他见鲁肃在酒宴上欲言又止,就在酒宴结束后将鲁肃单独留下来。孙权与鲁肃"合榻对饮",几杯酒下肚,鲁肃就给孙权分析天下大势了。他说汉室已经无法再兴,曹操势力很大,一时半会儿也消灭不掉,只有先占据江东以观天下之变,然后

待时机成熟以图天下。孙权听后大喜,这可以说是江东版的
"隆中策"。

第三节 大碗畅饮

　　《水浒传》是中国第一部描写农民起义题材的小说,它塑
造了众多栩栩如生的英雄形象,宋江、武松、李逵、林冲、鲁智
深等人物更是千古若活,深深地印在了千百万读者的心中。
梁山好汉的相貌不同,性情不同,本事不同,但他们有一点是
相同的:他们都爱喝酒,酒量惊人,他们是酒场上的不倒翁。
大碗喝酒,大块吃肉,这是梁山好汉的人生理想,这正如《好汉
歌》中所唱的:"生死之交一碗酒""该出手时就出手。"据学者
统计,酒是全书出现频率最高的实词,《水浒传》中"酒"这个
字共出现了一千九百一十次,几乎每一回都有酒。酒是《水浒
传》最为重要的文化符号,《水浒传》是酒文化的集大成之作。

百味酿成及时雨

　　如果面向读者做一个调查,问他喜欢哪位梁山好汉,林
冲、武松等都会是热门人选,但选择宋江的人会很少。宋江是
一个十分复杂的人物形象,有的批评家认为他是"忠义之
烈",还有的批评家认为他是"假道学,真强盗"……这些不同

的声音集中于宋江身上,有时候让读者觉得这个人物难以理解。酒或许是揭开宋江身上谜团的一把钥匙。

宋江原是郓城县的一名小吏。他的命运转折起源于他私放晁盖的义举,从此他开始在忠与义之间徘徊。宋江资助了落难郓城县的阎婆惜母女,阎婆惜的母亲感激宋江的搭救之恩,将女儿给了宋江做外室。刚开始两人的关系还是如胶似漆,但宋江是个干大事的人,不能总在男女之情上打转转,阎婆惜逐渐对宋江心生不满。宋江带自己的属下张文远来自己住的地方喝酒,阎婆惜看到风流倜傥的张文远后情愫暗生,两人很快就勾搭在一起。宋江本来是好意请张文远来

◎ 及时雨宋江（戴敦邦绘）

自己家吃酒,谁知道会惹出这种丑事。酒是色媒人,这话一点不错。

宋江知道这件事情后,就不主动上门了。阎婆惜的母亲知道这样长此下去不是办法,因为宋江是母女两个的衣食父母,就趁机将宋江强行拉到了家中,摆下酒宴,让女儿为宋江赔不是。此时阎婆惜的一颗芳心都扑到了张文远身上,哪有心思理宋江,对宋江没有一点好脸色。阎婆惜拗不过母亲,又想尽早打发了宋江,只得勉强陪宋江吃了几杯。宋江窝了一肚子火,大晚上想走又走不开,只好随便在阎婆惜床头歇了

一夜。

　　一大早宋江就离开了，在买醒酒汤的时候，他突然想起自己的招文袋忘在了阎婆惜那儿。招文袋里的其他东西都无关紧要，里面有晁盖送给自己的密信，这让别人知道了，可是要灭九族的。宋江怕什么事情，什么事情就来了，密信落到了阎婆惜手中。阎婆惜有了把柄在手，一再刁难宋江，向他提各种条件，宋江都答应了，包括她改嫁张文远。阎婆惜仍然不依不饶，宋江心头火起，拔刀杀了阎婆惜。

　　这都是酒惹的祸，宋江不请张文远来家喝酒，张文远与阎婆惜也不会勾搭成奸；宋江不在阎婆惜那儿喝了闷酒，也不会丢了招文袋，不丢招文袋，宋江也不会杀阎婆惜。从此，宋江的命运改变了，他由郓城县受人尊敬的宋押司变成了朝廷的通缉犯，只能背井离乡，流落江湖。

　　宋江在结识李逵、张顺等好汉时心里十分高兴，开怀畅饮，酒喝多了，生了几天病。病好后，宋江想请李逵、张顺等好朋友喝酒，但一个朋友都没有找到。落魄江湖，家乡万里，良朋不在，宋江的心情可想而知。他信步走上了江州有名的浔阳酒楼，酒楼上有副对联：世间无比酒，天下有名楼。酒保问宋江是自饮还是请客，宋江说自己等两位客人，但人没有来。酒还没有喝，宋江的心就醉了，他为自己的壮志难酬而感到委屈，为自己身在江湖心怀朝廷感到痛苦。俗话说，酒逢知己千杯少，宋江一个人自饮自酌，再加上心情不佳，不自觉地就有些沉醉了。

　　对着江州美景，想想自己囚徒的身份和脸上的金印，宋江忍不住感慨良多。宋江想，自己生在山东，长在郓城县，虽然只是官府的一个卑微的小吏，却也结识了不少英雄好汉，留下了"山东及时雨"的虚名，现在年纪已过三旬，功不成名不就，却被刺配到了江州,家乡的父老兄弟什么时候才可以见面啊!宋江酒量本不小,喝得也不多,但是痛苦郁积到胸中,酒入愁肠,一会儿就醉了。宋江想起自己所受的磨难和委屈,忍不住悲从中来,潸然泪下。于是趁着酒兴,将自己所思所想写了出来:

　　自幼曾攻经史,长成亦有权谋。恰如猛虎卧荒丘,潜伏爪牙忍受。

　　不幸刺文双颊,那堪配在江州!他年若得报冤仇,血染浔阳江口。

◎ 宋江浔阳楼写反诗(戴敦邦绘)

在这首《西江月》后,宋江又写了四句诗:

　　心在山东身在吴,飘蓬江海谩嗟吁。

　　他时若遂凌云志,敢笑黄巢不丈夫!

写罢诗,又在后面大书五字"郓城宋江作"。

这就是有名的宋江吟反诗的故事,宋江因为这两首诗差一点丢了性命。好在有众梁山好汉大闹江州,救出宋江。但宋江也因此退无可退,只好上了梁山入伙。宋江的这次醉酒是人生的一次转折点——从此以后,他只能先把"忠"字埋在心中,将"义"字放在第一位。但宋江与只希望过大碗喝酒、大块吃肉生活的其他梁山兄弟不同,他要给梁山兄弟找一条出路,让弟兄们不能背着"贼寇"的名字过一辈子。

梁山兄弟对招安的看法是不一致的,许多人持反对态度。

宋江在重阳佳节举行了一次盛大的酒会,与众兄弟同赏菊花,共度佳节,宋江想趁机向弟兄们说一下招安的事情。酒会上众兄弟开怀畅饮,兴高采烈,燕青、马麟两位好汉还吹奏起了乐器为大家助兴。宋江喝得大醉,乘着酒兴,填了一首《满江红》,让擅长唱歌的好汉乐和唱。大家听得都很高兴,但乐和唱到词中的"望天王降诏早招安"的时候,许多好汉勃然大怒。打虎英雄武松首先发话:"今天招安,明天招安,冷了众兄弟的心。"性如烈火的李逵更是连桌子都掀翻了,鲁智深也表示了自己对招安的不满。这场酒会不欢而散。

虽然弟兄们对招安有不同的意见,但宋江报效朝廷的心是永远不会变的。宋江经过种种的周折终于实现了招安,带领梁山弟兄们为朝廷南征北战,十之七八的梁山好汉血染沙场。宋江的忠心并没有感动朝廷,朝廷的奸臣瞒着皇帝给他送来了毒酒,宋江明知道是毒酒还是喝了。他不仅自己喝了,还骗李逵一起喝,因为他怕李逵在自己死后造反,坏了自己的忠义之名。宋江临死前的话表达了自己对朝廷的耿耿忠心:

　　我为人一世,只主张忠义二字,不肯半点欺心。今日朝廷赐死无辜,宁可朝廷负我,我忠心不负朝廷。

宋江因为酒,杀了阎婆惜;因为酒后写反诗,上了梁山泊;最后,在朝廷的一杯毒酒中走完了自己的人生路。宋公明的酒,是英雄酒,是忠义酒,是无奈酒,是心酸酒。

智深逞酒任侠义

梁山好汉是一个统称,其实并不是每个人都能称为好汉,有许多人的恶行甚至令人发指。若找出梁山好汉里面的一个完人的话,首推的是花和尚鲁智深。鲁智深一生的作为可用

《水浒传》中的两句话概括：禅杖打开危险路，戒刀杀尽不平人。借用《好汉歌》的歌词，鲁智深风风火火的一生可以概括为：路见不平一声吼，该出手时就出手。鲁智深的一生遇弱便扶助，遇强便打，遇酒便喝，遇事便做，鲁智深喝的酒是侠义酒。

◎ 花和尚鲁智深(戴敦邦绘)

鲁智深一生与酒结缘，他第一次露面的地点就是酒楼，只不过当时他的名字还不叫鲁智深，而是叫鲁达。史进向鲁达打听自己师父的情况时遇到了他，两位英雄相见恨晚，马上就觥筹交错起来，后来又加入了李忠。三位好汉一边喝酒一边谈话，十分畅快，这时总是被不知从哪里传来的哭声搅扰。鲁达十分生气，就问店小二是怎么回事，店小二讲述了事情的原委。正在哭泣的是一对可怜的父女，他们被恶霸镇关西欺负得走投无路，父女俩每天被逼还债。鲁达听后勃然大怒，酒不喝了，他决定帮助这两位苦命人脱离苦海。他将随身带的五两银子给了这对父女，史进也资助了十两。如果不是史进、李忠拼命地拦住，鲁达听到父女俩的诉苦后就准备去打死那个欺负人的恶霸。

三人分手后，鲁达连晚饭都没吃，气呼呼地睡了。第二天，他三拳打死了镇关西，提辖的官职丢了，自己也落得个亡

◎ 鲁提辖拳打镇关西（戴敦邦绘）

命江湖的下场。——什么叫侠义，将别人的事情当成自己的事情就叫作侠义，鲁达就是侠义的代表。

鲁达因为救人的缘故只好在五台山落发为僧，从此他有了个新名字鲁智深。鲁智深嗜酒如命，让一个嗜酒如命的人当和尚，可以想象会有什么样的后果：鲁智深两次醉闹了五台山，打得寺里的僧人东倒西歪，在五台山也待不下去了。鲁智深第二次醉闹五台山特别有意思，这么个莽和尚为了喝酒也能想出一些小伎俩。

五台山下边有一个市井，卖什么东西的都有，鲁智深感到很高兴，因为他不用抢酒喝，可以光明正大地买酒喝了。他接连去了好几家酒店，但没有人卖酒给他。原来山下店铺的本钱都是寺庙里的，寺庙有规定不允许卖酒给五台山的和尚，否则寺庙会收回本钱。鲁智深去了好几家酒店，酒香惹得他喉咙都痒痒了，可是他也只能望酒兴叹，没有酒店卖酒给他。有酒，有钱，却没有人卖酒给他，这是鲁智深遇到的一大难题，这个难题还不是可以用拳头可以解决的。人急智生，酒急智亦生，鲁智深还真让自己的酒瘾给逼出了办法。

一次，他来到一个酒店，不等店主人开口就自报家门，说自己是过往的僧人来买酒吃，店主人刚开始对鲁智深的过往僧人身份表示怀疑,可谁也没法证明鲁智深是五台山来的,再说开店总是要赚钱的,店主人为鲁智深搬出了酒。鲁智深旁若无人地喝了两桶酒后摇摇摆摆地往五台山方向去了,店主人目瞪口呆了大半天。

这第二次的醉闹五台山后果十分严重,鲁智深不能在五台山待了,他被师父推荐到了大相国寺。

在桃花村投宿的时候鲁智深醉打了小霸王周通,并强制周通保证再也不骚扰桃花村。一般人喝醉了只能呼呼大睡,梁山好汉喝了酒后却精神百倍,这就是所谓的"酒壮英雄胆"吧,酒是梁山好汉最好的饮料,是英雄的兴奋剂。用鲁智深的话来说,叫:

一分酒只有一分本事,十分酒便有十分的气力。

鲁智深嗜酒如命,哪天鲁智深突然不喝酒了,那只能是一种原因:他遇到了比自己的生命更重要的事情。一次,鲁智深与武松一起来到少华山劝史进加入梁山,此时的史进因为仗义救人被关进了大牢。鲁智深当天就想去救史进,被武松劝阻了,当天晚上少华山的头领举行酒宴为鲁智深接风洗尘,鲁智深一滴酒都没有沾。史进在牢中是刀板上的肉,不知道什么时候就可能人头落地,鲁智深哪有心情喝酒。第二天他就去救史进了,自己中了圈套也被关进了大牢。后来宋江带领梁山兄弟大闹西岳华山,救出了鲁智深、史进,史进带着自己的人马上了梁山。

鲁智深是个好酒的英雄,他喝的是侠义酒,酒是他行侠仗义的铁拳。

伏虎原须佳酿功

◎ 行者武松（戴敦邦绘）

历史记载有许多人打死过老虎：子路打虎、卞庄刺虎、李存孝打虎……《水浒传》中还描写了李逵杀四虎，解珍、解宝兄弟射老虎。但是要问谁打虎最有名，当然要数景阳冈上的武松。武松是《水浒传》中的重要人物，他是武功高手，更是酒场高手，他一生成名露脸都与酒密不可分。

武松第一次露脸无疑是景阳冈打虎，这使他名垂千古。这次英雄壮举不仅为武松扬了名，也为酒扬了名。"透瓶香"又叫"出门倒"，是有名的烈酒，一般人喝三碗就已经不省人事了，更不用说过景阳冈，因此又叫"三碗不过冈"。武松却连喝了十八碗，居然没有醉，这样的酒客店主人还是第一次见。明知山有虎偏向虎山行，武松烂醉之中打死了一只老虎，为阳谷县的百姓除了害。知县抬举他做了步兵都头，从此过上了悠闲的日子。但他的命运却因为一个女人改变了，这个女人让他由打虎英雄变成了杀人犯，这个女人就是文学画廊里鼎鼎大名的潘金莲。

武松身高八尺，相貌堂堂，武松的哥哥武大郎身体矮小，相貌丑陋。武松一进家门，潘金莲就爱上了他。潘金莲刚开始对武松是无微不至地关怀，武松是个直肠子的汉子，只把她当成自己敬爱的嫂子，根本不知道潘金莲是别有用心。潘金莲按捺不住，她选择在一个大雪天的酒宴上对武松吐露心事。潘金莲要与武松吃酒，武松提议等哥哥来到后一家人一起开怀畅饮，潘金莲不同意。在吃第二杯酒的时候，潘金莲让武松吃个"成双杯"，武松虽然一饮而尽，心中却十分不快。

◎ 三碗不过冈（戴敦邦）

潘金莲屡次说些风言风语试探武松，弄得武松心情十分厌恶，他是个聪明人，碍于情面只好隐忍不发。潘金莲决定不拐弯抹角了，她倒了一杯酒后，自己喝了一口，让武松如果对她有意就喝掉剩下的酒。武松再也不能装不懂了，他大声地斥责了潘金莲，后来又搬出去住了。

　　武松醉后打老虎，凶险万分，他与潘金莲的这场酒宴较之上次，更加凶险。武松不愧为真英雄，在猛虎面前是真汉子，在自己的嫂子面前，更是真君子。

　　潘金莲与西门庆私通害死了武大郎，武松要为自己的哥哥报仇。报仇的过程与酒也是分不开的。他先请何九叔吃酒，问出了自己哥哥死亡的真相，然后带着证人和证物去衙门告状，衙门早就被西门庆收买了，不许他告状。他又设了一个酒宴请嫂子、王婆、邻居们赴宴，逼着嫂子说出了事情的原委，在酒宴上当着众人的面杀嫂祭兄。武松杀了嫂子后又来到酒店"狮子楼"杀了正在酒宴上寻欢作乐的西门庆。

◎ 武松斗杀西门庆（戴敦邦绘）

武松与潘金莲的故事始终是和酒联系在一起的。酒是色媒人，潘金莲想在酒宴上勾引武松被武松痛斥，她肯定不会想到自己和情人的性命也会终结在酒宴上。真是造化弄人！

武松被刺配孟州，在十字坡酒店里他遇到了另一个女人，卖人肉包子的孙二娘。

孙二娘是个杀人狂魔，许多人都喝了她的蒙汗药，成了她手中的包子馅。她的那一套把戏骗别人或许可以，骗久在江湖上行走的武松无疑是班门弄斧。孙二娘端来了加上蒙汗药的酒，两个押送公人马上就喝了，武松却说自己喝不得寡酒，让她去切点肉做下酒菜。武松等孙二娘转身离去的时候，将药酒泼到了墙角。武松看两个公人时，那两位公人早已被酒中的蒙汗药放倒了，武松也假装中了毒躺倒在地。店伙计想来搬武松，却发现武松重有千斤，孙二娘只得亲自下手，却反被武松制伏。后来双方说明原委，武松与孙二娘夫妇结为了兄弟，这正是不打不相识。

武松来到了孟州监狱，监狱的官员一直对他另眼相看，对他不打不骂，还天天好酒好肉地伺候着，武松自己心里感到很纳闷。几天后,这酒肉他不吃了,他要打开这个闷葫芦。原来是监狱里的小官营有求于他。官营相公的儿子名叫施恩,江湖人送外号金眼彪。他在一个叫快活林的地方有处买卖让一个叫蒋门神的人给抢了,想让武松帮他夺回来。武松知道了详情,觉得在异乡遇到了知己,自然十分感激。两人就痛饮了一番,结拜成了兄弟。吃人家的嘴短,拿人家的手软,更何况是兄弟的事情,武松二话没说就答应了施恩的请求。

◎ 智斗孙二娘（戴敦邦绘）

在去快活林的路上,他提出了个"无三不过望"的要求,也就是:只要有卖酒的店铺就要进去喝三碗酒。从孟州牢城到快活林,路上的酒店何止十家八家,武松一路上也喝了数十碗酒。武松果然是大英雄,不负所托,尽管酒醉,还是醉打了蒋门神,帮施恩夺回了买卖。

武松为朋友两肋插刀,却为自己带来了灭顶之灾。蒋门神不甘心失败,勾结张都监、张团练设下毒计陷害武松,武松又一次被刺配。

张都监让武松做自己的亲随,武松自然感激涕零。在只有家眷可以参加的中秋酒宴上,张都监不仅让武松毫无拘束地开怀畅饮,还说要将自己府里的养娘许配给武松。武松真觉得自己遇到了人生的知己。哪知这一切都是麻醉武松警惕

心的糖衣炮弹，毫无防备的武松果然还是中了他们的毒计。这次张都监他们不准备让武松活着，计划在飞云浦害死武松。结果武松大展神威，杀尽张都监一门老幼。

武松杀了人后又来到了孙二娘夫妻的酒店，孙二娘将武松改扮成行者的模样，去二龙山投鲁智深入伙去了。

《水浒传》中武松的章节以醉打猛虎开篇，以醉打孔亮结尾，武松的故事始终与酒相始终。"酒壮英雄胆"，

◎ 武松醉打蒋门神（戴敦邦绘）

这句话在武松身上得到了最完美的体现。酒衬托了武松壮丽的人生华章，酒激荡起武松不竭的生命洪流！茶交隐士，酒交豪侠，信哉此言！

第四节 酒逢"知己"

知己，这是一个令人神往的名字。许多人都渴望有一个

知己,但知己又是可遇不可求的。古今中外有许多令后人仰慕的知己之交,比如钟子期与俞伯牙,马克思与恩格斯,鲁迅与瞿秋白……他们流传千古的友谊让人感慨,让人羡慕。异性之间也是如此,能得到一个红颜知己,这是大部分男人的梦,像唐代的李靖与红拂女,近代的蔡锷与小凤仙……人人都渴望知己,若知己不是人而是异类,是鬼,是狐狸,又会怎么样呢,蒲松龄的《聊斋志异》给我们讲了几个关于和异类做朋友的故事。这些异类知己与人交往的故事,都是以酒开始的。

◎ 《聊斋志异》书影

隔世对饮

有句谚语说"世人结交须黄金,黄金不多交不深",一语道破了人情薄于纸的世情真相。朋友之间因名利而反目成仇的比比皆是,如历史风云人物张耳、陈余,由生死之交变成了死对头。真挚

◎ 《周礼》书影

的友情往往难得,人们在人世间很难得到,就转而向异类中求。《聊斋志异》中王六郎的故事就讲述了这样一个感人肺腑的故事。

一个渔夫非常喜欢喝酒,每当饮酒时,他都将一部分酒倒

入河水中,请那些与自己有同样爱好的鬼魂来喝。每次他向河中倒酒,都会说:"请河里喜欢喝酒的酒鬼来享用吧。"这已经成了他的一个习惯。说来也怪,每次打鱼时,他捕获的鱼都比别人的多。

一天晚上,渔人像往常一样一个人在河边喝酒,不知什么时候过来一个少年,一直在他的身边徘徊。渔人邀请少年与自己一起共饮美酒,少年爽快地答应了,与他共饮起来。少年的名字叫王六郎。他告诉渔夫,自己是河里的淹死鬼,因为屡次享受渔夫的美酒祭奠,故来相见。渔夫没有因为对方是鬼而感到什么不适,相反非常高兴。六郎告诉渔夫,他之所以打的鱼比别人多,全是因为自己的帮忙。

后来少年来辞别,说自己找到了替死者,渔夫因为以后不能再相见很伤心。酒桌上,渔人斟满一杯酒递给王六郎,说:"六郎,请满饮此杯,不要过于伤心。相识不久就要分离确实让人感到难过,但你的罪孽满了,可以投胎转世重新做人了,这是值得庆贺的事情,我们应该感到高兴。"于是两人开怀畅饮。六郎将替代自己的人是谁告诉了渔夫。

第二天,渔夫果然看到一对母子在水里挣扎,想去救,又想到是替代自己朋友六郎的,就狠下心离开了。但那一对母子在水中挣扎了一会,居然平安上岸了,渔夫感到很奇怪。后来王六郎告诉渔夫,因为自己不忍心以母子二人的性命来换取自己转世,就放过了她们。渔夫说:"贤弟如此善良,必有好报。"后来,六郎因为心地良善,被天帝任命为招远土地。六郎在梦中告诉渔夫说,如不忘旧交,可往招远一行。

渔人立即就准备动身去招远县。他的妻子笑着劝阻他,一则因为路途遥远,二则人神之间恐怕难以沟通。渔人对妻子的话置若罔闻,执意要去见自己的老朋友。经过长途跋涉,渔人来到了招远六郎的土地庙，祷告说："自从你离开后，我每晚都可以梦到你。我这次应约而来，又承蒙你让此地的百姓招待我，我由衷地感谢你。惭愧的是我没有什么贵重的东西送给老友，只有薄酒一杯，你如果不嫌弃的话，就像以前在河边与我痛饮时一样喝干吧。"祷告完后，渔人又焚化了纸钱。突然神座前起来一阵旋风，过了好久才平息下来，渔人知道自己的老朋友来看自己了。

王六郎是溺死鬼的时候，渔人没有因为他是异类而害怕，两人因为酒结成好友，王六郎成神后，也没有因自己地位的变化瞧不起老友，照样像以前一样享用了老友带来的美酒。这种不因身份地位改变而改变的友情是十分难得的，看看今天的一些亲兄弟因为一些鸡毛蒜皮的小事而闹矛盾，《聊斋志异》中描写的这种人鬼之间的真挚友情怎能不让人感慨系之。

阴阳知己

◎ 《聊斋志异·陆判》连环画封面

《陆判》讲了阴间判官陆判与阳间书生朱尔旦的友情故事。这篇小说不仅歌颂了人鬼之间真挚的友情，同时谴责了不合理的科举制度，是《聊斋志异》中的名篇佳作。

朱尔旦，字小明，是一个书生，性情豪放，但天资却极鲁钝。一天他与一帮文友在一起喝酒，一个人戏弄他说："平时大家都说你胆子比别人大，你如果敢半夜去十王殿里把东廊下的判官背来,这才说明你确实胆大,我们大家就做东请你喝酒。"原来当地有个十王殿,里面有许多用木头雕刻成的栩栩如生的神像,东廊下有个两眼是绿色、胡子是红色的判官,面目非常狰狞。有时候人们还能听到殿里面传出拷打人的声音,吓得周围人都不敢接近。众人故意出这么个难题难为他,好让朱尔旦出洋相。

朱尔旦什么都没有说,笑着出去了。过了很长一段时间,大家听到门外有人大声地喊:"我把鬻宗师请来了。"朱尔旦居然真的背着判官进来了,他将判官像放到桌子上,往地下洒了三杯酒作为祭奠。学友们见了恐惧异常,都让他快些背走。朱尔旦又在地上洒了一杯酒,祷祝说:"学生狂傲无礼,希望大人不要见怪。我的寒舍距此不远,有空请过来喝酒,一定不要客气啊。"说完,他又将神像背走了。

第二天,朋友们果然做东请他喝酒了。晚上,朱尔旦半醉半醒地回到了家,觉得喝得还不尽兴,又点起灯自斟自酌起来。忽然陆判官揭开帘子走了进来,朱尔旦见状大惊失色,以为判官是来治罪的,自己肯定死定了。陆判官微笑着说:"错了,昨天蒙你所邀,订约喝酒,我今天正好有空就过来了。"朱尔旦高兴异常,拉着判官的衣袖请他坐下,亲自洗刷器具,温上了酒。判官提议,天气热喝凉的就可以了,朱尔旦听从了。

朱尔旦将酒瓶放在桌上,让家人准备下酒菜。妻子听了大为惊慌,劝他不要去喝酒,他根本不听。两人相互敬酒,判官告诉朱生自己姓陆,没有名字。两人开怀畅饮,都有相见恨晚的感觉。陆判的酒量十分惊人,一次就可以喝十杯。朱尔旦因为白天在文友的酒会上已经喝了不少,一会就醉倒在桌上。等他醒来,客人却早已不见。

长此以往,两人越发亲近,成了非常好的朋友。陆判官也为朱尔旦换了个聪明的心,让他中了举;还为朱尔旦的妻子换了个美人头。在好友陆判的帮助下,朱尔旦过上了幸福的生活。朱尔旦死后,陆判官还在阴司为自己的朋友谋了个官职。

酒肉朋友,这是一个不好的称呼,这个词常用来指只能吃吃喝喝相互利用的朋友。朱尔旦和陆判从形式上也可以说是酒肉朋友,但他们的友情却是真诚的。读了这篇故事,使人不仅艳羡朱尔旦的奇遇,更羡慕他们这段诚挚的友情。

第六章

红妆翠袖且斟酌
——多情美人酒

第一节　文君当垆

　　卓文君与司马相如的爱情故事家喻户晓,故事中必不可少的情节是文君卖酒,这是他们爱情的契机,也是他们命运的转折点。

　　司马相如,字长卿,蜀郡成都(今四川成都人),是西汉著名的辞赋家,代表作有《子虚赋》《上林赋》《长门赋》《大人赋》等。一次,司马相如返乡的时候路过临邛(今四川邛崃),在那里结识了商人卓王孙。卓王孙在四川经营炼铁生意。中国在汉代早已进入铁器时代,那时战

◎卓文君像

争频繁,铁的需求量很大,卓王孙也因此成了富甲一方的大富翁。卓王孙的女儿文君是个出名的美女,书中形容她的美貌说:"眉色远望如山,脸际常若芙蓉,皮肤柔滑如脂",我们可以想象她是多么的美了。卓文君文采非凡且特别擅长弹琴,不仅是美女,更是才女。她本来已经许配给了人家,不幸尚未成婚,丈夫就短命而亡,之后卓文君一直在家守寡。

　　卓王孙有一个老朋友叫王吉,有一天他举行酒宴宴请老朋友,司马相如也在被邀请之列。其时相如之名早已远播蜀

川,此次酒宴上他自然也就成了大家敬仰的贵宾。文君也久闻相如大名,从帘间私窥。此情此景早已被相如看到眼里,他早就听说文君不仅貌美如花而且多才多艺,此次一见才知远胜传闻。于是在酒宴上弹奏了一首琴曲《凤求凰》。这首琴曲本是求爱之曲,加上相如琴技高妙,对文君的爱慕之情表达得更是淋漓尽致。文君何其聪明,加上她本来就擅长弹琴,相如的弦外之音她一听就明白了。在美妙的琴声中,两个人虽然未正式相见,两颗心却相撞在一起了,迸出了爱情的火花。

此后,相如多次托人沟通文君的侍妾,转达自己的心意。文君也向相如表达了自己的爱慕之情。结果没有不透风的墙,二人私自交通的消息传到了卓王孙耳朵里。当时相如虽然有才,却并无功名,卓王孙自然极力反对。但是爱情的种子只要种下,是任何人都阻挡不了的。两个人终于私奔,回了相如的故乡蜀郡成都。相如本就出身清寒,文君私奔,自然不会有什么嫁妆,两人在成都的日子过得非常艰苦。日子穷了,心情自然不好,人就容易借酒浇愁。可是这浇愁之酒也需要钱才能买到。为了喝酒,司马相如就拿自己的鹔鹴裘(一种名贵的皮袄)到酒肆中换酒,回家与卓文君对饮。酒饮罢,卓文君抱着司马相如的脖子哭了起来,她边哭边说:"我出生于富裕之家,想不到竟会沦落到用身上的衣服换酒喝的地步!"

妻子伤心,司马相如的心里也难过。他们决定从酒上想办法,改善生活境况。一番筹划之后,夫妻二人在成都开了家酒肆。没有钱请伙计,相如就穿着下等人穿的衣裤在店中洗刷酒器,卓文君则在柜台上为客人打酒。成都是川中的大都市,二人又是成都名人,文君卖酒的事情一时间成了头号新闻,很快就传到了卓王孙耳朵里。卓王孙经常听到别人议论自己的女儿如何在成都当垆卖酒,也觉得太有失自己富豪的体面。于是就给文君夫妇送去了许多钱物,文君夫妇也一夜之间成了富人。

可见,爱情不是富贵之人俯拾即是的特权,更不是贫贱之人遥不可及的月亮。只要有真情在,当垆卖酒一样可以轰轰烈烈。

其实话又说回来,并不是只有轰轰烈烈的爱情才值得追求,夫妻间举手投足的关爱一样弥足珍贵。就像不是只有醇酒才是好酒,薄醴一样可以让人沉醉一样——许多被传为佳话的夫妻相敬相爱的故事,正是发生在那一杯一盏之间。

伉俪敌手

"红袖添香夜读书"这是许多男人的梦想,其实能够与自己心爱的人一起品酒,也是别有一番风味。

魏晋南北朝时期,世人多放浪不拘礼节,饮酒节制之礼也被抛到九霄云外,因此出现了许多酒坛高手,如嵇康、阮籍、刘伶等。女子也不甘示弱,当时还出现了许多善饮的女子,沈文季的妻子就是很著名的一位。

沈文季(公元 442—449),字仲达,南朝宋时,封山阴县五等伯,做到中书郎的官职。有一则材料记载了他与妻子一起喝酒的故事,很有意思。

宋沈文季为吴兴太守,饮酒五斗,妻王氏亦饮酒一斗,竟日对饮,视事不废。

这位沈先生的酒量惊人,可以饮酒五斗;他的妻子也不甘落后,饮酒一斗。最有意思的是夫妻两个经常天天在一起喝酒,喝酒也就罢了,正经事居然一点也没有耽误。其实夫妻对酒,饮的不仅是情投,更是意合——丈夫蔑视礼法,妻子不拘小节,夫妻间的知己遇合,比起同性间的惺惺相惜来,显得就更加珍贵了。

老妻洗盏

◎ 苏轼像

苏轼(公元 1037—1101),字子瞻,又字和仲,号东坡居士,眉州眉山(今属四川)人,是中国历史上有名的文学家、书画家,与其父苏洵、其弟苏辙并称为"三苏"。

苏轼是历代文人中少有的通才——诗、文、词、书、画等各方面均十分精通。唯独不善饮酒,据他自己说,他早年只要看到别人饮酒,自己都能醉倒;后来尽管经过刻意地锻炼,还是只能喝到三蕉叶(他的朋友补充说,苏轼这是在说醉话,其实他只喝到两蕉叶多就醉了)。他自己也认为在下棋、喝酒、唱曲这三个方面不如别人。

酒量不大,并不代表着不爱酒、不懂酒,相反苏东坡对酒有自己独到的理解。他在《书东皋子传后》中说:

余饮酒终日,不过五合,天下之不能饮,无在余下者。然喜人饮酒,见客举杯徐引,则余胸中为之浩浩焉,落落焉,酣适之味乃过于客,客至未尝不置酒,天下之好饮,亦无在余上者。

这段话可以说表达了苏轼的饮酒观,这种饮酒观中透露出的是苏轼达观的人生态度。苏轼非常爱喝酒,但酒量却非常的小,很容易就喝醉了。有时在酒宴上自己不能喝的时候,他也喜欢看朋友们开怀畅饮。他觉得这样看着朋友兴高采烈地喝酒,就像自己喝了酒一样开怀。

苏轼不仅喜欢喝酒,而且擅长酿酒,他对许多酒的性能有自己独到的认识,还写成了《酒经》《真一酒法》等著作。同时苏轼还精通医学,深谙养生之道,并研制出了一系列的解酒方法,还曾成功地治疗了自己的弟弟因饮酒过多而引发的肺病。苏轼还给酒起了个别名,他在《洞庭春色》中写道:"要当立名字,未用问升斗。应呼钓诗钩,亦号扫愁帚。"以后,文人就用这"钓诗钩""扫愁帚"当作酒的雅称。

苏轼是一个幸福的男人,因为他有一位支持自己喝酒,有时还可以同自己小酌几杯的妻子。这位妻子名叫王闰之,是苏轼的第二任妻子。苏轼在写给自己朋友李之仪的一封信中提到"酌酒与妇饮",可见苏轼的酒友有时候就是自己的贤内助。苏轼在一首《小儿》诗中提到了对妻子理解自己饮酒的感念之情,诗里说:

小儿不识愁,起坐牵我衣。我欲嗔小儿,老妻劝儿痴。

还坐愧此言,洗盏当我前。大胜刘伶妇,区区为酒钱。

苏轼可能因为心情不好,对儿子拉自己的衣服有点恼火。正要斥骂儿子的时候,妻子却劝他说,儿子还小不懂事。苏轼听了妻子的话觉得很羞愧,妻子理解自己的丈夫,知道丈夫心情不好的时候喜欢喝两杯,就赶紧为丈夫洗刷酒壶、酒杯。苏轼感慨自己有一个善解人意的妻子,自己过得比魏晋时期的刘伶要幸福多了。原来刘伶也是著名的酒徒,常年杯不离手。他的夫人特别担心他过量饮酒伤身,经常劝说他少喝。刘伶从来没有把自己妻子的话当回事,刘夫人无奈只好把酒坛、酒壶等器皿全部打碎了。

《后赤壁赋》是苏轼名传千古的散文佳作。读过这篇文章

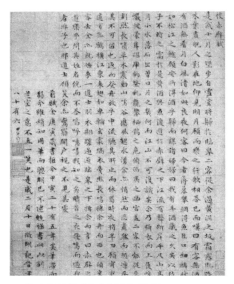

◎ 文征明书《后赤壁赋》(局部)

的人，往往不仅会佩服东坡的大才，更会感慨东坡夫人的风雅——《后赤壁赋》里寥寥几句，就足以使她成为史上最有名的酒主妇。原来有一次苏轼与两位密友相谈，谈到高兴处，却发现无酒相伴，大家都觉得心里不是很自在。苏轼感慨道："有客无酒，有酒无肴，月白风清，如此良夜何？"有良朋却没有美酒，也没有下酒的佳肴，岂不是辜负了上天赐予的良辰美景？朋友说，下酒物倒不用担心，今晚刚好网到了一尾大口细鳞、样子好像松江鲈鱼的鱼，可以用这条鱼当下酒物，只是哪里去寻酒呢。苏轼回到家后向夫人讨主意，夫人给了苏轼一个意外的惊喜：原来她早就为苏轼藏下了酒，以备苏轼的不时之需。苏轼闻听自然喜不自胜，不仅诸般巧合遂了大家的雅兴，更难得的是自己娶了位善解人意的夫人。就这样，苏轼带着夫人为自己珍藏的美酒，与朋友泛舟来到赤壁下，三人边喝边聊，尽兴而返。

可以这样说，《后赤壁赋》得以写成并流传后世，王夫人有一半的功劳！

金钗换酒

苏东坡有如此理解自己喝酒的夫人，这个福气让许多人

188

新版 雅俗文化书系 酒文化

羡慕,其中就包括清初的文坛怪杰金圣叹。金圣叹(公元1608—1661),名采,字若采,明亡后改名人瑞,字圣叹,清初著名的文学家、文学批评家。金圣叹也是一个嗜酒之人,廖燕所作的《金圣叹先生传》中说他"好饮酒,善衡文评书,议论皆发前人所未发"。

◎ 金圣叹像

金圣叹在批注《西厢记》时,写下了许多人生不亦快哉的事,其中有两条是与酒有关的。

冬夜饮酒,转复寒甚,推窗试看,雪大如手,已积三四寸矣。不亦快哉!

冬夜饮酒,突然觉得寒冷难当。推开窗子一看,原来外面下起了大雪,地上的雪已经积了三四寸厚。一边饮酒,一边观雪,确实令人不亦快哉。因为意料之外的瑞雪,给人带来了意外的惊喜。

十年别友,抵暮忽至。开门一揖毕,不及问其船来陆往,并不及命其坐床坐榻,便自疾驱入内,卑辞叩内子:"君岂有斗酒如东坡妇乎?"内子欣然拔金簪相付。计之可作三日供也。不亦快哉!

"有朋自远方来,不亦乐乎?"见到久别的朋友自然高兴异常,酒徒遇到了好酒的朋友,那种喜悦是无法用言语表达的。金圣叹开门见了老朋友,就随便作了个揖,也不问朋友是从陆路来的还是从水路来的，也没来得及请朋友在床上或榻上坐下。他做的第一件事就是快步跑进内室，去见自己的妻子。一见面就问妻子是否像东坡的夫人那样为丈夫藏下了好酒，妻子自然没有准备酒，但却将自己头上的金簪拔下来交给丈夫，让他去换酒。估量一下金簪的价值，差不多可以换来三天的美酒。金夫人较之东坡夫人更胜一筹：东坡夫人只不过为自己的丈夫提前准备了酒，她却毫不犹豫地拔下自己的金簪让丈夫去换酒。由此可见，这位金夫人也是金圣叹的红颜知己。

第二节 吴姬压酒

李白离开南京前往扬州时写下了一首很有名的《金陵酒肆留别》：

> 风吹柳花满店香，吴姬压酒劝客尝。
> 金陵子弟来相送，欲行不行各尽觞。
> 请君试问东流水，别意与之谁短长？

这首诗很好理解，只有"吴姬"需要解释一下。吴姬指的是吴地的陪酒女。陪酒女郎在中国的起源非常早，早在春秋时期，陈公子结曾就让妇人陪南宫长万饮酒，然后"醉而缚之"。这里面提到的妇人应该是最早的陪酒女。

在古代的酒宴上经常有陪酒女，她们美丽多姿的身影为文人墨客留下了无数的遐想。唐代留下了许多文人召妓女陪酒的资料。这些陪酒妓女有的只唱唱歌，跳跳舞，喝喝酒，她们并不卖身，有的则出卖肉体。无论是哪一种妓女，她们的命运都是很悲惨的。

　　唐进士郑愚、刘参、郭保衡、王冲、张道隐，每春选妓三五人，乘榍小车，裸袒园中，叫笑自若，曰颠饮。

　　这种男女混杂、赤身裸体的"颠饮"虽然能够体现进士们旷达的风度，但是却很难说有什么美可言，更谈不上对女性的尊重。这个记载告诉我们，在唐代陪酒女是很普遍的一种现象。

　　大诗人李白也经常召妓女陪酒，他在诗中说："美酒尊中置千斛，载妓随波任去留。"

　　当然，她们是一群不幸的人，她们用自己的歌舞，甚至身体给别人带来快乐，我们应该为她们的命运洒一把同情之泪。但如果遇上了懂风情、重感情的文人士子，她们的际遇却又不得不令人欣慰。

戎昱诗传离情

　　戎昱（公元744—800），荆州人，中唐前期比较著名的现实主义诗人。他曾经写过反映战争带给人民灾难的《苦哉行》，为人们所熟知。尽管他的名气在后代并不大，在当时，戎昱却是著名的才子。才子好风流，因此戎昱也与不少女子结下了情缘，其中就有陪酒女。唐代笔记小说《本事诗》就记载了一个发生在戎昱与陪酒女之间的爱情故事。

　　唐代韩晋公镇守浙西的时候，戎昱是他帐下的一个刺史。戎昱所管辖的那个郡叫什么名字已经不得而知了。郡里有一个酒妓，她歌唱得很好听，容貌也堪称倾国倾城。戎昱与这个

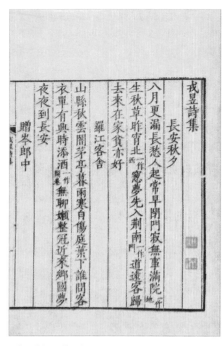

山縣秋雲暗茅亭暮雨寒自傷庭葉下誰聞客
衣單有與時添酒一作 卷無聊懶整冠近來鄉國夢
夜夜到長安
贈舉郎中
罗江客舍
生秋草昨宵北一作西 窗夢先入荆南一作道遠客歸門
去來在家貧亦好
八月更漏長愁人起常早閒門寂無事滿院地
長安秋夕
戎昱詩集

◎ 《戎昱诗集》书影

酒妓的感情很深，两人常常耳鬓厮磨，一刻也分不开。

浙西的一位官员听说了这位酒妓的盛名之后，为了向韩晋公讨好，决定将这位酒妓弄到浙西来。戎昱见是自己的上司要这个酒妓过去，虽然心中一万个舍不得，但也不敢违背上面的意思。只能在湖上为这位美丽的姑娘举行了一个钱行酒会。在酒席上，戎昱写了一首诗送给这位姑娘，并且叮嘱她说："到了浙西那边，官员让你唱歌的话，你一定要先唱我写的这首。"

到了韩晋公的府邸，韩晋公特地为她举行了盛大的酒宴。席上，官员们觥筹交错，喝得非常高兴。这时，韩晋公举着酒杯示意让酒妓唱首歌，为大家助兴。于是酒妓按照戎昱的吩咐，唱了戎昱为她做的那首诗。

一曲终了，韩晋公问她："戎昱大人很喜爱你，对你的感情很深吗？"酒妓听后胆战心惊，知道自己马上要大祸临头，但还是鼓起勇气，实话实说了。她一边说戎昱对自己的深情，一边流眼泪。她知道自己触犯了权贵很可能性命不保，也就不顾那么多了，索性说个痛快。韩晋公让酒妓先退下，等待自己的命令，酒席上的官员都为酒妓的命运感到担心，因为在浙西，韩晋公可以决定任何人的生死。

　　韩晋公让人把那个先前将酒妓弄进府的官员叫来,责备道:"戎使君是天下的名士,对这位酒妓的感情非常深,你为什么要夺人所爱将她弄进府呢,你这是在增加我的罪过啊!"说完后,他让人把这个官员笞打了一顿。之后命人送给这位酒妓许多丝绸,然后让她回戎昱身边去。

　　原来,戎昱给酒妓的诗是这样写的:

　　好去春风湖上亭,柳条藤蔓系离情。

　　黄莺久住浑相识,欲别频啼四五声。

　　这首诗没有直接写戎昱对酒妓的深情,但其间饱含的深情厚谊,我们还是能从字里行间读出来的。柳,是中国古诗中常用的物象,它通常用来代表离别。黄莺在柳树上住久了产生了感情,要离开的时候自然非常不舍,所以离开柳树前发出悲伤的啼叫声。

　　戎昱不愧是才子,他在诗歌中将自己比作了柳树,将酒妓比作了黄莺,用黄莺对柳树的不舍象征两个人之间的深情。酒妓自然也是知道诗中意思的,她在酒宴上对百官唱的时候,自然也是饱含深情的。戎昱的这首诗其实是一份问卷,他在问韩晋公是否可以成人之美。韩晋公也不愧能闻弦歌而知雅意,听出了诗歌中的意思,并很大度地成全了他们。

李绅以德报怨

　　李绅(公元 772—846),字公垂,唐代诗人。他的名气不如李白、杜甫等人大,但他却留下了一首流传千古的诗歌《悯农》:

　　　　锄禾日当午,汗滴禾下土。

◎《李绅集校注》书影

谁知盘中餐,粒粒皆辛苦。

李绅不仅诗写得好,而且十分儒雅,在做人、为官各方面都有为人称道的地方。他后来在仕途上也比较顺利,一直官至宰相。位高权重后的李绅阔绰起来,少不得参加各种各样的酒宴,下面的故事就发生在他的酒宴上:

唐代中后期,朝野党争十分厉害。当时势力最大的两派,分别是以牛僧孺为首的牛党和以李德裕为首的李党。在牛李党争中,李绅是李党里面的重要人物。当时有个叫张又新的官员,巴结当时的宰相李逢吉,经常与李绅作对。

到了唐文宗的时候,李逢吉在政治上遇到了滑铁卢,恨失相位。李德裕取而代之,成了宰相。李绅也大树底下好乘凉,成了淮南节度使。李逢吉罢官,张又新自然也官位不保。哪知屋漏偏逢连夜雨,一次他回家的路上不幸遭遇风浪翻船,淹死了两个儿子。这时的他在内心痛苦之余,更是生怕已经位高权重的李绅落井下石。幸好他知道李绅是个“宰相肚子里可撑船”的人,于是想得到李绅的庇护,就给他写了一封很长的致歉信。李绅见信,表示过去两人之间的不愉快早已成为过往云烟了,而且对张又新家人的不幸表示同情。张又新非常感动,以前的一切不愉快都烟消云散了。从此之后,他与李绅成了好朋友。二人常聚在一起欢饮,每次都喝得非常尽兴。

张又新以前当广陵从事的时候认识一个酒妓,两个人的感情非常好,可惜没有能够在一起。二十多年过去了,这个酒

妓还在与人陪酒。一次在李绅的酒宴上,张又新见到了这位
酒妓。两人都是心如刀割,用宋人苏东坡的话说,就是"相顾
无言,惟有泪千行"。李绅中途去厕所,张又新用手指蘸酒,在
盘子上写了一首诗,暗示酒妓,酒妓深知他的意思。李绅回来
后,发现张又新突然变得闷闷不乐,酒喝得也无精打采。李绅
为了让张又新开心起来,命令酒妓唱首歌助助兴。酒妓遵命,
就唱起了张又新刚才写的那首诗:

> 云雨风飞二十年,当时求梦不曾眠。

> 今来头白重相见,还上襄王玳瑁筵。

这首诗的意思是,我们二十多年没有见面了,想不到年老
头白的时候,却还可以在宰相的酒宴上见到你。张又新看到
自己情人陪酒的身影,心中郁闷,很快就喝醉了。李绅是个造
诣很深的诗人,他当然看懂了酒妓所唱之诗的意思。于是让
酒妓晚上去见张又新,以成全他们的感情。

类似事情还发生在另一位大诗人刘禹锡身上。

刘禹锡(公元 772—842),字梦得,
祖籍洛阳,唐朝彭州人。唐代著名诗
人,有"诗豪"之称,曾任太子宾客,世
称"刘宾客",与柳宗元并称"刘柳",与
白居易并称"刘白"。

刘禹锡从和州罢官后,被朝廷任命
为主客郎中、集贤学士。李绅也正好被
罢免了节度使的官职,当时正待在京
城。李绅久仰刘禹锡的大名,于是在自
己家中摆下了酒宴,请刘禹锡喝酒。两
人都是诗人,同时又都是正直却被排挤

◎ 刘禹锡像

的官员,大有相见恨晚之感,酒喝得十分痛快。两人正喝到兴头上的时候,李绅让一位很漂亮的歌姬唱歌助兴。歌姬的歌唱得非常动听,刘禹锡听得十分陶醉,即兴赋诗一首:

> 高髻云鬟宫样妆,春风一曲杜韦娘。
> 司空见惯浑闲事,断尽江南刺史肠。

"高髻云鬟宫样妆"是说歌姬华丽的穿着,从这句话中我们可以想象出歌姬的美貌。"春风一曲杜韦娘"中的"杜韦娘"不是人的名字而是曲子的名字,歌姬在酒宴上唱的就是杜韦娘曲。由于歌姬的技艺高超,曲子听起来犹如春风拂面,使人非常惬意。"司空见惯浑闲事,断尽江南刺史肠"中的"司空见惯"一词后来成了一个成语。这里的"司空"指的是李绅,刘禹锡的意思是,你对这么美妙的歌曲肯定是熟悉得很了,不再会觉得有什么新鲜感,我这个江南刺史听到后还是要断肠的。言外之意是希望朋友可以将这位色艺双绝的歌姬割爱赠给自己,作为诗人的李绅当然明白刘禹锡的用意,就将这位歌姬赠给了刘禹锡。

上面提到的是发生在李绅酒宴上的两个故事,因为李绅的成人之美,我们可以称之为美谈;我们也可以说这是一个悲剧,因为那些酒妓的命运是悲惨的,她们只能在达官贵人的酒宴上迎来送往、追欢卖笑,她们是可以被随便赠送的礼物。大唐的陪酒女不知道有多少,像这则故事中的陪酒女只是少之又少的幸运儿。

第三节 浓睡不消残酒

要问中国古代文学史上最伟大的男作家是谁,不同的人肯定会有不同的回答;若问中国古代文学史上最有名的女作家是谁,答案肯定是确定而唯一的,她就是李清照。

李清照(公元 1084—1155),号易安居士,济南章丘人,是中国文学史上著名的女词人。她的作品大部分散佚了,但仅借留下来的那为数不多的作品,她就可以跻身于一流文学家的行列。

◎ 李清照像

读者对李清照的了解更多是她的词作中透露出的女性的细腻柔媚与深情,其实她身上还有山东女性所特有的豪放一面,她不仅喜欢打马游戏(作有《打马赋》),还喜欢饮酒。即使她笔下那些婉约词中,也多有酒的身影,比如人们耳熟能详的"浓睡不消残酒"(《如梦令·昨夜雨疏风骤》)、"沉醉不知归路"(《如梦令·常记溪亭日暮》)等。酒在女词人的笔下成了最神奇的感情催化剂,她因为酒而多情,也因为酒而伤情。这些酒后的幽情与天才词人悲欢离合的人生经历交织在了一起,让李清照的笔变得空灵起来。

李清照出身名门,父亲李格非是一名官员和著名的文学家、藏书爱好者。李清照在父亲的严格教育和浩如烟海的书籍熏陶下,从小就打下了良好的文学基础。李清照的少女时期过的是无忧无虑的生活,她很早就与酒结下了不解之缘。可以说,李清照前半生的酒是欢欣酒,是开怀酒。李清照在一首词牌为《如梦令》的词中记载了自己年少饮酒的经历,从这首词中我们可以看到一个天真少女的情怀:

常记溪亭日暮,沉醉不知归路。兴尽晚回舟,误入藕花深处。争渡,争渡,惊起一滩鸥鹭。

词人与自己的玩伴们在傍晚闲饮几杯,可能是第一次喝酒吧,或者是词人与伙伴们背着大人偷酒喝吧,她们一会儿就喝醉了。醉眼蒙眬的少女们走路不稳了,她们喝醉酒走路的样子好像花儿在风中摇摆,美丽极了,她们忘记了回家的路。时间不早了,大家都已经喝得尽兴了。少女们准备划船回家,却不小心将船划到了浓密的荷花丛中。她们着急了,使劲地划,不料却惊醒了荷花丛中的水鸟,鸟儿扑腾腾地飞向了天空。

十八岁时,李清照与太学生赵明诚结婚。赵明诚的父亲赵挺之是当时朝廷的重臣,与李清照的父亲李格非同朝为官。从家庭出身来说,李清照与赵明诚堪称是门当户对的神仙眷侣。赵明诚是当时著名的金石学家,李清照结婚后与丈夫一起研究金石字画,过着美满幸福的生活。一年的重阳佳节,丈夫不在自己的身边,李清照十分伤感。重阳佳节是合家团聚的日子，"每逢佳节倍思亲"，词人对丈夫的思念难以言表。李清照将对丈夫的思念之情融入笔端，写下了著名的《醉花阴》：

薄雾浓云愁永昼，瑞脑销金兽。佳节又重阳，玉枕纱厨，半夜凉初透。

东篱把酒黄昏后，有暗香盈袖。莫道不消魂，帘卷西风，人比黄花瘦。

天空中薄雾弥漫，云层浓密，白天的日子实在是太难熬了。"欢娱嫌夜短，寂寞恨更长"，这是一种相对的心理，词人嫌白天的日子难熬，是因为心爱的人不在身边。香料在金兽形状的香炉中燃尽了，香料散发出的缕缕幽香，正象征着词人对丈夫的缕缕情丝。又到了一年一度的重阳佳节，半夜的凉风将洁白的玉枕、轻薄的纱帐吹得冰冷。词人想到以前与夫君同榻而眠的快乐时光，怎能不潸然泪下！一个人对着菊花饮酒，菊花淡淡的香气溢满了袖子。谁说不伤心断肠呢，西风吹动珠帘，闺中的词人比那菊花更加清瘦。

正所谓"几家欢乐几家愁"，重阳佳节别人喝的是团聚酒、开心酒，李清照却喝的是相思的苦酒。全词虽然只出现了一个"酒"，我们还是可以闻出字里行间掺杂着词人伤心泪水的酒气。世间最难解的就是相思，酒入愁肠愁更愁，相思人的醉又何必在几斗几升！

赵明诚接到这首词后，一方面为妻子对自己的深情感动，另一方面对妻子在词中表现的才华表现出由衷的敬佩。他突发奇想，想与妻子在文学上一较高下。据《嫏环记》记载，赵明诚苦思三日三夜，写出了五十首同样词牌的词。他将李清照的这首词也杂入其间，请自己的朋友陆德夫品评。陆德夫读过后，觉得只有三句话写得最好。赵明诚忙问是哪三句，陆德夫轻吟道:"莫道不消魂,帘卷西风,人比黄花瘦。"赵明诚彻底心服口服,最终承认自己在文学上不是妻子的对手。

后来,赵明诚常年在外地做官,李清照将对丈夫的一腔相思都寄寓到文字里,一篇篇杰作就随之而诞生了。思念一个人的时候,酒是最好的伙伴,它可以将神经暂时麻痹,将自己的深情带到所思所想的人身边。《如梦令·昨夜雨疏风骤》就是这样的杰作。

昨夜雨疏风骤,浓睡不消残酒。试问卷帘人,却道海棠依旧。知否,知否,应是绿肥红瘦。

昨晚风刮得很大,雨却很小。词人酣睡了一夜,酒的余醉却仍然没有消除。"浓睡不消残酒"是侧面描写,睡了一夜酒还没有完全醒,说明饮酒之多、心情之抑郁。在风雨交加的天气里,词人饮酒的缘故虽然没有说,但读者可以猜想,词人喝的肯定不是开心酒,而是相思酒。词人在思念自己的亲人,一个人自饮自酌,不觉沉醉。早上一觉醒来,词人问身边的侍女外边的海棠花怎么样了。侍女说,海棠花和以前没有什么区别。词人不认同侍女的说法,纠正道,经过一夜暴雨洗礼,海棠花应该是绿叶繁茂,花朵凋零。"绿肥红瘦"形象地写出了雨后海棠的样子,是千古名句。这首词写出了词人对花的爱惜之情,其实这里的海棠花不仅仅是花,它还象征了作者渐渐逝去的青春和因相思而凋伤的心情。

公元1127年,北方女真族攻破汴京,北宋灭亡。李清照夫妇流落江南。在逃难过程中,赵明诚不关心妻子的安危,却勒令妻子宁失性命、不得失却藏品。尽管经过李清照的舍命维护,但在天灾人祸、小人觊觎之下,夫妇俩多年收集的金石字画还是丧失殆尽,后来赵明诚死于上任湖州知事途中。这一切,都给李清照带来了极大的痛苦。

　　南宋是一个偏安一隅的小朝廷，朝内的统治者只知道享乐，根本没有收复故土的雄心壮志，李清照对政府的无能深感伤心，对自己的遭遇也深感绝望。此时李清照的作品除了怀念丈夫赵明诚、怀念他们一去不返的恩爱时光之外，还包括了她对国事的感慨和对朝廷无能的失望。一首词牌为《菩萨蛮》的词，正是她后期这种心境的反映：

　　风柔日薄春犹早，夹衫乍著心情好。睡起觉微寒，梅花鬓上残。

　　故乡何处是，忘了除非醉。沉水卧时烧，香消酒未消。

　　春天刚刚到来，阳光还比较微弱，风已经变得很柔和了，天气也逐渐地暖和起来。人们脱掉了冬天臃肿的衣服，换上了夹衫，心情也变得开阔起来。春天是一个思睡的季节，词人醒来后感觉到了丝丝料峭的寒意，鬓发上插戴的梅花也已经残落了。

　　"故乡何处是"不仅是说故乡遥远难归，这句话更包含了望乡的动作。不知多少个日夜，词人无数次地遥望已经落入敌手的故乡，思念在金人铁蹄下苦苦挣扎的百姓。"忘了除非醉"平白如话，却极其疼痛，感人肺腑。词人的意思是说，落入敌手的故乡只有在喝醉酒的时候才可以暂时忘却，这是正话反说，也就是说词人在清醒的时候无时无刻不在思念自己的故乡。正是因为思乡之情把她折磨得无法忍受，才要借酒浇愁，在醉乡中将故乡暂且忘掉。"沉水"是沉香的别名，这是一种名贵的熏香。睡觉时烧的熏香已经燃尽，香气已经消散，这说明已经过了很长的时间。然而她的酒却没有醒，因为她醉得深沉。酒不易醒，说明酒喝得多；酒喝得多，说明心中的苦闷多；心中的苦闷多，说明思乡之情重。这首词中的酒始终与思乡之情紧密联系起来，酒是帮助词人暂时忘却故乡的工具。可是借酒浇愁愁更愁,越是在酒醉后想刻意地忘掉故乡,在现实中却越是忘不掉。

李清照写这首词时,正是宋金对峙时期。她支持朝廷的抵抗派,迫切地渴望收复失地。这首词透过对家乡的刻骨思念,谴责了占领故乡的金国统治者,同时还包含了对不思收复失地的南宋统治者的失望之情。

李清照留下了众多的与酒相关的名句,如"三杯两盏淡酒,怎敌他晚来风急""常插梅花醉""新来瘦,非干病酒,不是悲秋""共赏金尊沉绿蚁,莫辞醉,此花不与群花比"等。酒,既是她一生的密友,又为她笔下的清词丽句平添了几分醉意,令人千载之下,回味不已。

第四节 醉卧芳药茵

《红楼梦》是中国古代文学性与艺术性最强的小说,是中国文学史上的瑰宝,也是全世界人民共同的财富。由于它艺术水平的高超,《红楼梦》写出后不久就深受当时读者的喜爱,早在清代就流传着"开口不谈《红楼梦》,读尽诗书亦枉然"的说法,可见此书的影响之深。不久之后,一门专门研究它的学问——红学也随之产生了。鲁迅先生对《红楼梦》的经典评价是:"自《红楼梦》出来后,传统的思想和写法都被打破了。"

《红楼梦》的作者曹雪芹,本身就是个爱酒的人。敦诚赠给曹雪芹的诗中有"举家食粥酒常赊"的句子,可见曹雪芹即使穷到只能举家喝粥的地步,也难以割舍杯中物。敦敏在《赠曹雪芹》中提到"卖画钱来付酒家",说曹雪芹穷困潦倒到卖画为生的地步,仍然要去喝酒。

◎戚蓼生序本《红楼梦》书影

曹雪芹不仅好酒,还尤其擅长酒后作画。乾隆二十五年(公元 1760),曹雪芹为其挚友方承观在酒店接风。二人酒酣耳热后,书画兴致勃然而发。只见他取来笔墨,泼墨挥毫,顷刻之间,一幅妙笔丹青就在他笔下诞生了。曹雪芹到北京的西郊山村安家后,生活更加的窘迫,但他爱酒的习惯一点都没有改变,有时喝到兴头上甚至可以不吃饭。他家贫常赊酒,等酒债攒够一定数量,就作几幅画卖掉偿还了。他的好友裕瑞在《刺窗闲笔》中记载了关于曹雪芹的这样一件趣事:

其尝做戏语云:若有人欲快睹我书不难,唯日以南酒烧鸭享我,我即为之作书云。

曹雪芹曾戏言说,想要我的书法作品一点都不难,只要有人用南酒烧鸭来犒劳我,我就为他创作。曹雪芹的爱酒,由此可见一斑。

了解了曹雪芹的嗜好,我们就更好理解《红楼梦》中为什么会出现那么多的饮酒场面了。《红楼梦》中写了许多与酒有关的故事,读者印象最深刻的可能是焦大的醉骂,其实《红楼梦》讲得更多的是林黛玉、薛宝钗、史湘云等红楼女儿与酒的故事。也正是通过不同人喝酒的不同表现,曹雪芹刻画出

了风姿各异的红楼女儿，为中国文学史的画廊留下了众多的
经典人物形象。

林黛玉的含酸酒

　　林黛玉的前世是青埂峰下的绛珠仙子，今生是"心较比干
多一窍，病似西子胜三分"的林妹妹。她没有任何的心机，单
纯而且专情，心中装着的只有宝玉，而且丝毫不掩饰自己的情
感，是最真、最善、最美的人物形象，在她身上寄托了曹雪芹的
美好理想。

　　贾宝玉是在梦中喝了警幻仙子的仙酒后游太虚幻境的，
在那里看见了林妹妹的判词，只是他不知道判词的主人是前
世今生都与自己息息相关的姑娘。林黛玉心中只有一个贾宝
玉，宝玉身边却有好多漂亮的女孩子，不仅有薛宝钗、史湘云
这样的亲戚，还有晴雯、袭人等俏丫鬟。因此，林妹妹是免不
了吃醋的。她的第一次吃醋就是通过酒发泄出来的。

　　原来贾宝玉去梨香院看望薛宝钗，在那里待了好长时间。
林黛玉不放心，也跟了过来。贾宝玉夸奖以前在贾珍府里吃
过的鹅掌鸭信，正好薛姨妈那儿也有，就拿出来吃。宝玉又
说，鹅掌鸭信必须就酒才好吃。于是薛姨妈让人端上最上等
的酒来。宝玉的奶妈为宝玉的身体着想，不让他吃酒。宝玉
保证只吃一盅，薛姨妈又一再让宝玉的奶妈放心，奶妈这才不
说什么了。宝玉要吃冷酒，薛姨妈不同意，因为吃了冷酒后手
容易打战，字也就写得不好看了。这时，《红楼梦》中的薛宝
钗说出了一番酒不能冷饮的大道理，这番道理现在看来也还
是很有说服力的：

　　宝兄弟，亏你每日家杂学旁收的，难道就不知道酒性最

热,若热吃下去,发散的就快;若冷吃下去,便凝结在内,以五脏去暖它,岂不受害? 从此还不快不要吃那冷的了。

这番道理自然令宝玉心悦诚服,只好让人暖了酒再吃。林黛玉看到宝钗这样关心宝玉,心里很不是滋味。只见她嗑着瓜子,抿着嘴笑。这笑可是含酸的笑,吃醋的笑。原来她正在想办法嘲讽一下宝玉。

恰在这时,黛玉的丫鬟紫鹃怕黛玉冷,让雪雁来给黛玉送小手炉,黛玉笑着对雪雁说,难为她费心,哪里就会冷死我呢。这是在指桑骂槐,黛玉不是责怪紫鹃对自己的关心,她是对宝钗关心宝玉受不了。

雪雁当然不明白黛玉的言外之意,解释道,是因为紫鹃怕黛玉冷,这才送来的。黛玉将手炉抱在怀中,笑着说,她说的话这么管用,我说的你却当成耳旁风,她的话比圣旨还灵啊。宝玉、宝钗都是聪明绝顶之人,自然知道黛玉的言外之意,当时只有雪雁是糊涂的,不明白林姑娘为什么会责备自己。

书中虽然没有写黛玉是否也喝了酒,但她的的确确吃了一肚子酸酒。这时她和宝玉的感情还没有发展到爱情,但却也已经是情有独钟了。

在这之后,面对"爱博而心劳"的宝玉,林妹妹的酸酒也是一吃再吃。可以说,她的一生不仅是诗意的一生,浪漫的一生,也是酸酸的一生。

湘云醉卧芍药茵

曾有这样一个调查:老师问班上的男生将来愿意娶《红楼梦》中的哪位姑娘做妻子,出乎意料的是,绝大部分的男生都将票投给了史湘云。老师问他们选湘云的理由,有的男生的回答特别有意思——因为史湘云这种女孩可以与自己一起喝啤酒。

◎ "史湘云醉卧芍药茵" 玉雕

史湘云是个特别男孩子气的女孩。女孩们一起喝酒，黛玉可能是小口地抿着喝，宝钗可能是安静地端着酒杯。如果有一个女孩子在大叫着与宝玉划拳，那这个女孩肯定是史湘云。

一次聚会的时候，湘云一边吃烧烤鹿肉一边喝酒，大快朵颐，十分享受。林妹妹是不会吃那种半生不熟的烤鹿肉的，她说了句刻薄话刺了下湘云。史湘云反驳说，林黛玉那样是矫情，自己才是"唯大英雄能本色，是真名士自风流"。

史湘云对林黛玉的评价对不对姑且不论，她对自己的评价是十分准确的。史湘云是《红楼梦》中有着魏晋名士风度的女孩，她是千百年前阮籍、嵇康、刘伶等人的知己。她喝的酒是名士酒、是风流酒。

贾宝玉、薛宝琴、平儿的生日恰好在一天，这是三喜盈门的好日子，大家自然要好好庆祝下。一帮年轻人，无拘无束，喝得非常高兴。

既是喝酒，自然要行酒令。他们行的酒令花色十分繁多，不能一一尽说。大家抓阄决定要行什么酒令，香菱在纸上写好后，搓成阄，扔到一个瓶子中间。探春让平儿抓，平儿用筷子拈出了一个，纸条上写着是"射覆"两个字。袭人拈了一个阄，是划拳。史湘云觉得射覆闷人，划拳正好对她的口味，她想划拳。

探春因史湘云不按抓的阄来行令，让宝钗罚史湘云酒。

宝钗不容分说就灌了史湘云一大杯酒。大家射覆的时候,香菱反应比较慢,猜不着,大家又都在击鼓催她,提醒她时间快到了。

史湘云这时候想拔刀相助,便悄悄地拉了下香菱,想要告诉她答案。眼尖的林妹妹发现了湘云的小动作,喊了出来。大家一下子都知道了,史湘云又被灌了一杯酒。香菱因为作弊,也被罚了一杯酒。

湘云特别喜欢划拳,早和宝玉大叫起来,划起了拳。尤氏与鸳鸯一对,平儿与袭人一对,划了起来,叮叮当当地只听得手腕上的镯子响。这三对交战的结果是,宝玉、袭人、尤氏赢了。

行过几轮的酒令后,湘云兴致大发,她喝了一杯酒,吃了一块鸭肉下酒,看到碗内有半个鸭头,于是拿了出来吃脑子。这么豪放的举动,贾宝玉做不出,林黛玉、薛宝钗也做不出,史湘云此举很有梁山好汉"大碗喝酒,大块吃肉"的风度。

湘云在行令时屡屡犯错,被罚了许多杯酒。平时贾母、王夫人在家的时候大家还不敢这么放肆,现在没有了约束,这帮年轻人觥筹交错,恣意欢谑。

玩了一会儿,大家发现席上不见了湘云,都以为她一会自己就会回来,也就没怎么在意。哪里知道越等越没有了动静,就派人各处去找,一时还找不到。

这时一个丫头进来报告说,发现了史湘云,她吃醉了酒图凉快,躺在假山后面的一块青石板上睡着了。

曹雪芹用细腻的笔触描写了史湘云"醉卧芍药茵"的美丽画面,那种别样的美是难以言说的:

说着,都走来看时,果见湘云卧于山石僻处一个石凳子上,已经香梦沉酣,四面芍药花飞了一身,满头脸衣襟上皆是红香散乱，手中的扇子在地下，也半被落花埋了，一群蜂蝶闹嚷嚷地围着她，又用鲛帕包了一包芍药花瓣枕着。众人看了，又是爱，又是笑，忙上来推唤挽扶。

在睡梦中，史湘云也没有忘记酒，大家唤她的时候，她还在半醒不醒的状态中完成了酒席上没有行的酒令。众人让她快醒醒酒吃饭去，怕她在潮湿的石凳子上睡出病来。史湘云慢慢地睁开了眼睛，看见大家都围着她看，又低下头看了看自己身上的花瓣，才知道自己喝醉了。

史湘云的这一醉，醉出了别样的女儿之美：鲜艳的芍药花映红了湘云的脸颊，湘云身上的酒香使芍药花变得更加娇艳欲滴。

湘云醉卧芍药茵与黛玉葬花、宝钗扑蝶、晴雯撕扇等段落一样，都是《红楼梦》中最受读者青睐的章节，它们是曹雪芹的得意之文。

从此，芍药花与史湘云的名字紧紧连在了一起。提起菊花，人们就会想起"采菊东篱下，悠然见南山"的陶渊明；提起梅花，人们就会想起宋代"梅妻鹤子"的林和靖；提起芍药花，那就肯定非"醉卧芍药茵"的史湘云莫属了。

参考书目

1. 朱世英著:《中国酒文化辞典》,黄山书社,1990 年。
2. 黎莹著:《中国酒文化和中国名酒》,中国食品出版社, 1989 年。
3. 杨勇,阳淑媛编著:《酒与酒文化》,中国质检出版社, 2012 年。
4. 翟文良著:《中国酒典:品味中国酒文化》,上海科学普及出版社,2011 年。
5. 段振离著:《红楼品酒:〈红楼梦〉中的酒文化与养生》,上海交通大学出版社,2011 年。
6. 胡小伟著:《中国酒文化》,中国国际广播出版社,2011 年。
7. 唐康编著:《华夏酒文化》,中国旅游出版社,2010 年。
8. 王少良著:《中国古代酒文化通览》,黑龙江人民出版社, 2010 年。
9. 周卫东编著:《中国酒文化大典》,东方出版社,2010 年。
10. 王守国著:《酒文化与艺术精神》,河南大学出版社, 2006 年。